KATHARINA SCHLEGL-KOFLER

TRICKKISTE HUNDE ERZIEHUNG

BEI FREUNDEN

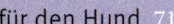

DIE GU-QUALITÄTS-GARANTIE

Wir möchten Ihnen mit den Informationen und Anregungen in diesem Buch das Leben erleichtern und Sie inspirieren, Neues auszuprobieren. Bei jedem unserer Produkte achten wir auf Aktualität und stellen höchste Ansprüche an Inhalt, Optik und Ausstattung. Alle Informationen werden von unseren Autoren und unserer Fachredaktion sorgfältig ausgewählt und mehrfach geprüft. Deshalb bieten wir Ihnen eine 100 %ige Qualitätsgarantie.

Darauf können Sie sich verlassen:
Wir legen Wert auf artgerechte Tierhaltung und stellen das Wohl des Tieres an erste Stelle. Wir garantieren, dass:
• alle Anleitungen und Tipps von Experten in der Praxis geprüft und
• durch klar verständliche Texte und Illustrationen einfach umsetzbar sind.

Wir möchten für Sie immer besser werden:
Sollten wir mit diesem Buch Ihre Erwartungen nicht erfüllen, lassen Sie es uns bitte wissen! Nehmen Sie einfach Kontakt zu unserem Leserservice auf. Sie erhalten von uns kostenlos einen Ratgeber zum gleichen oder ähnlichen Thema. Die Kontaktdaten unseres Leserservice finden Sie am Ende dieses Buches.

GRÄFE UND UNZER VERLAG
Der erste Ratgeberverlag – seit 1722.

BEIM SPIELEN

BEIM FUTTERN

BEI DER PFLEGE

UNTERWEGS

VON HUND ZU HUND

VORWORT

Im Handumdrehen zum super Team

»HUNDEHALTER WERDEN ist nicht schwer, Hundehalter sein dagegen sehr« – dieses etwas abgewandelte Sprichwort kommt so manchem Besitzer eines Vierbeiners gelegentlich in den Sinn, wenn Bello mal wieder nicht kooperiert und so ganz andere Dinge macht, als man erwartet oder bisweilen auch gehofft hat. Doch das muss nicht sein, wenn Sie sich klarmachen, dass Bello ein Hund ist. Der Vierbeiner lebt in einer etwas anderen Welt, obwohl er sich so eng wie kein anderes Haustier an uns anschließt und wir sehr oft menschliche Züge in ihm zu erkennen glauben. Nicht selten interpretiert man in das Tun des Hundes das hinein, was man gerne sehen möchte. Und das ist dann häufig etwas ganz anderes, als sich der Vierbeiner dabei denkt.

Mit der richtigen Einstellung und weg von der Vermenschlichung ist Hundeerziehung kein Hexenwerk. Wenn Sie sich mit den eigenen Emotionen nicht selbst im Weg stehen, ist sie sogar ziemlich einfach. Doch »die« Hundeerziehung oder »die« Hundeerziehungsmethode gibt es nicht. Jeder Vierbeiner ist ein Individuum, jedes Mensch-Hund-Team anders. Und sowohl vier- als auch zweibeinige Persönlichkeiten lassen sich nicht komplett umkrempeln.

Deshalb finden Sie in diesem Buch keine Pauschalrezepte für die Erziehung Ihres vierbeinigen Lieblings, aber sehr viele nützliche Tipps. Wenn Sie dazu noch Ihr Bauchgefühl »sprechen« lassen und auch intuitiv reagieren, kann eigentlich nichts mehr schiefgehen. Vielleicht finden Sie sich auch in einer der zahlreichen wahren Episoden wieder. Denn das sind keine seltenen Einzelfälle, sondern – wie soll ich sagen – gängige »Szenen« aus dem Zusammenleben von Zwei- und Vierbeinern.

Doch wie heißt es so schön: »Gefahr erkannt, Gefahr gebannt.« Hat man eigene Fehler erst einmal realisiert, zeigt oft schon eine kleine Änderung des eigenen Verhaltens bei Bello große Wirkung. Das tut ihm und Ihnen gut und ist doch dann eine super Motivation, seinen Vierbeiner weiter zu »lesen« und ihn artgerecht zu leiten. In diesem Sinne wünsche ich Ihnen viel Spaß bei der Lektüre!

Katharina Schlegl-Kofler

TEAMCHEF MENSCH

Über die Jahrtausende ist zwischen Mensch und Vierbeiner eine enge Partnerschaft entstanden. Jedes Wort, jede Geste scheint unser Freund Hund zu verstehen. So mancher Zweibeiner vergisst darüber, dass sein Gefährte kein Mensch im Hundepelz ist, sondern seine arteigenen Bedürfnisse hat. **Ein partnerschaftliches, vertrauensvolles Miteinander ist die Grundlage für eine gute Beziehung zwischen Mensch und Hund. Doch »Chef« sollte stets der Mensch bleiben.**

ALLES CHEFSACHE

Führungsqualität beweisen

STAMMVATER WOLF lebt nicht etwa in unorganisierten Horden, sondern in Familienverbänden. Aus umfangreichen Freilandforschungen ist bekannt, dass die Elterntiere ihre Nachkommen führen, bis die meisten von ihnen, vor allem die »Kopfstarken«, mit Erreichen der Geschlechtsreife abwandern und selbst eine Familie gründen. Bis dahin lernen die Youngsters die Regeln des Zusammenlebens. Das heißt: sich in die Gemeinschaft einzugliedern und sich anzupassen. Die erfahrenen Alttiere sorgen außerdem für Sicherheit und Nahrung und lehren ihre Sprösslinge alles, was für das Überleben wichtig ist.

Vieles davon, aber längst nicht alles, lässt sich auf das Mensch-Hund-Team übertragen. Denn obwohl der Mensch ein echter Sozialpartner für den Hund ist, leben zwei verschiedene Arten zusammen – zudem nicht in der freien Natur, sondern in einer durchstrukturierten, zivilisierten Umgebung voller Regeln. Aber dank seiner Entwicklung vom Wild- zum Haustier bleibt der Hund, auch wenn er längst erwachsen ist, im Vergleich zum erwachsenen Wolf in einer Art jugendähnlichem Stadium. Das macht ihn im Gegensatz zu seinen wilden Verwandten abhängiger, umgänglicher und sehr anpassungsfähig. Dadurch, dass er domestiziert, also zum Haustier wurde, kann der Hund sein Leben lang im menschlichen »Rudel« bleiben und muss nicht irgendwann selbst für sein Überleben sorgen und seinen Nachwuchs auf das Leben vorbereiten.

Doch wie die Jungwölfe braucht auch unser Hund ein »erfahrenes Alttier«, das ihn durchs Leben führt. Er braucht also einen Zweibeiner, der ihm Sicherheit gibt, berechenbar ist, Gefahren abwendet, Regeln und Grenzen festlegt und für seinen Youngster sorgt.

Macht der Mensch seine Sache gut, wird sein Hund ihn gern als Teamchef respektieren und ihm immer vertrauen. Allerdings leben, anders als in einer Wolfsfamilie, Hunde aller Charaktere beim Menschen – vom kopfstarken »Leadertyp« bis zum »Weichei« –, was natürlich ganz unterschiedlich hohe Ansprüche an die Führungsqualitäten der Zweibeiner stellt. Je besser Mensch und Hund im Typ zusammenpassen, desto weniger Probleme gibt es.

RASSEGERECHT

Jede Rasse hat ihre Besonderheit

JEDER HUND ist eine individuelle Persönlichkeit. Aber es gibt von Rasse zu Rasse erhebliche Unterschiede in ihren rassetypischen Eigenschaften. Denn über Jahrzehnte oder gar Jahrhunderte wurden bestimmte Eigenschaften gezielt in der Zucht gefördert, damit der Hund für seine Aufgaben auch taugt. Vielen ist gar nicht bewusst, dass Bellos Verwandte fast alle für ganz bestimmte Aufgaben gezüchtet wurden oder noch immer werden. So hat auch Bello selbst bestimmte Eigenschaften, die Vertreter einer anderen Rasse oft nicht haben.

Wenn beispielsweise ein Parson Jack Russell Terrier im Fuchsbau auf einen wehrhaften Gegner trifft, darf er nicht verunsichert aus dem Bau kommen und mit »Hilf mir, was soll ich jetzt machen?« Herrchen fragen, was zu tun ist oder sich gar hinter ihm verstecken. Nein, er muss seinen »Mann« stehen, selbst entscheiden und sich mit dem wehrhaften Wild auseinandersetzen. Weil gezielt mit solchen Hunden, die diese Eigen-

NÜTZLICHES REZEPT 1

HUND BLEIBT HUND

Der Vierbeiner ist kein Mensch

Wenn Sie Ihrem Vierbeiner etwas wirklich Gutes tun möchten, dann sehen und behandeln Sie ihn so als das, was er ist: ein Hund, der zur Familie der hundeartigen Raubtiere gehört. Er ist weder Kuscheltier, noch kann er Partner oder Kind ersetzen. Eine Vermenschlichung überfordert unsere Vierbeiner und richtet Erwartungen an sie, die sie nicht erfüllen können. Das sollten Sie sich im Umgang mit Ihrem vierbeinigen Liebling stets bewusst machen – auch wenn es Ihnen vielleicht noch so schwerfällt.

schaften haben, gezüchtet wurde und wird, tut er das auch voller Passion, Willensstärke, Durchhaltevermögen und einer Portion Draufgängertum. Wen wundert es da, dass das selbstbewusste Energiebündel Artgenossen gegenüber manchmal an Größenwahn leidet und der Normalo-Hundebesitzer bei der Erziehung einen sehr langen Atem haben muss. Es bedarf nämlich einiges an Überzeugungskraft, einen solchen Vierbeiner zur Zusammenarbeit und zum Gehorsam zu bewegen.

Wenn sich dagegen ein Border Collie mit Pfeifsignalen und Handzeichen auch über größere Entfernungen so lenken lässt, dass er bestimmte Schafe von der Herde trennt und zu einem bestimmten Punkt treibt, zeigt das, dass der Hund sehr viel Kooperationsbe-

reitschaft und Führigkeit hat. Auch die wurden ihm gezielt angezüchtet. Hier ist Selbstständigkeit wenig gefragt bzw. muss sie kontrollierbar bleiben, denn sie würde die notwendige Zusammenarbeit erschweren oder gar unmöglich machen. Ein derart führiger Hund ist andererseits aber meist sehr viel leichter zu beeindrucken und sensibler. Das sind nur zwei Beispiele aus der Vielzahl der Rassen, die es gibt. Beschäftigen Sie sich also mit der Geschichte Ihrer Hunderasse. Besonders bei Hunden aus Leistungszuchten sollten Sie genau überlegen, ob Sie einem solchen Vierbeiner gerecht werden, wenn Sie ihm die Arbeit, wofür er gezüchtet wurde, nicht bieten können. Das betrifft die meisten Jagdhunde- sowie viele andere Gebrauchshunderassen.

KRÄFTE MESSEN

Sagen Sie Ihrem Hund, wo es langgeht

»HOPPLA, HIER RIECHT'S ABER GUT«, denkt Bello, schlägt unvermittelt einen Haken und schleift Herrchen an der Leine im Laufschritt hinter sich her. Entrückt versinkt Bello in der hündischen Duftnachricht, Herrchen war-

tet brav. Nach einer Zeit: »Bello, bist du bald fertig?« Nein, ist er noch lange nicht. »Bello, komm doch jetzt bitte weiter.« Herrchen wird unruhig, Bello lässt sich in keinster Weise stören. Brav, aber leicht genervt wartet Herrchen daher, bis Bello tatsächlich fertig geschnüffelt, die Nachricht auf drei Beinen ausgiebig »überschrieben« hat und endlich weitergeht. Natürlich vorneweg, die Leine immer schön gespannt … Wer von beiden hat wohl das Sagen? Falls diese Szene keine seltene Ausnahme in diesem Mensch-Hund-Team ist, eindeutig der Hund. Denn er entscheidet – wahrscheinlich nicht nur in dieser Situation.

Hündin Cora hat es sich auf dem Sofa bequem gemacht. Frauchen kommt und will sich dazusetzen. Das gefällt Cora gar nicht, und sie knurrt warnend. Auch gut, denkt Frauchen, wenn Cora lieber allein auf dem Sofa sitzt, nehme ich eben den Sessel. Tja, auch hier hat der Vierbeiner das Sagen. Denn der, der die Bewegungsfreiheit des anderen einschränkt (Frauchen darf hier nicht sitzen) und/oder Ressourcen, hier ein bevorzugter Liegeplatz, für sich beansprucht, ist der Boss.

Wer entscheidet, führt. In vielen Situationen im Alltag stellt sich die »Entscheidungsfrage« – etwa wer bestimmt, wann und wie lange gespielt oder gekuschelt wird, wann spazieren gegangen oder auch nur die Terrassentür geöffnet wird. In einer harmonischen Mensch-Hund-Beziehung kann das durchaus auch mal der Vierbeiner sein. In welchem Verhältnis das gut ist, hängt davon ab, welchen Charakter der Hund hat. So darf ein Vierbeiner, der jede Schwäche des Menschen sofort für sich ausnützt und »expandiert«, sehr unabhängig ist oder dazu neigt, seinen Zweibeiner ständig zu etwas aufzufordern, gar nichts bestimmen. Hier gehen alle Initiativen nur noch vom Zweibeiner aus. Einem Hund, der sich dagegen von sich aus gern an seinem Mensch orientiert und der auch Schwächen seines Menschen nicht gleich für Expansionstendenzen nutzt, darf man durchaus hin und wieder nachgeben, wenn er spielen möchte oder kommt, um sich seine Streicheleinheiten abzuholen.

NÜTZLICHES REZEPT 2

DER »KLEBRIGE« HUND

Wenn Bello an den Fersen haftet

Folgt Ihr Hund Ihnen im Haus auf Schritt und Tritt? Ein »klebriger« Hund hat verständlicherweise leichter Probleme, wenn er alleine bleiben muss. Beugen Sie vor, indem Sie innerhalb der Wohnung zeitweise für Distanz sorgen. »Parken« Sie den Hund hin und wieder in seiner Hundebox (→ Seite 57) oder schließen Sie hinter sich die Tür, wenn Sie beispielsweise ins Bad gehen. Bleiben Sie dort, solange Ihre »Klette« winselt oder an der Tür kratzt.

SOFORT HANDELN

Zeigen Sie Ihrem Hund, was er tun soll

FRAUCHEN ÄRGERT SICH. Sobald sie die Heckklappe oder Tür der Hundebox gerade mal einen Spalt geöffnet hat, quetscht sich Bello aus dem Auto und läuft draußen umher. »So was Blödes«, denkt Frauchen, »aber jetzt ist es egal, er ist ja schon draußen.«

Abgesehen davon, dass sein Verhalten den Hund in eine gefährliche Situation bringen kann, hat der Vierbeiner wieder einmal erlebt: Mit genügend Nachdruck bin ich problemlos draußen – und zwar dann, wenn ich es will. Bello wird sein Verhalten beibehalten.

Dass Frauchen sich ärgert, ist Bello egal. Hier hilft nur eines: Frauchen muss ihm zeigen, dass sie das nicht möchte – und was er stattdessen tun soll.

Passivität und Abwarten ist bei Hundebesitzern in sehr vielen Situationen zu beobachten, wie Sie in diesem Buch noch sehen werden. Man schaut zu, anstatt dem Hund zu zeigen, was man will und was nicht, oder man reagiert zwar, jedoch viel zu spät. Doch durch Abwarten verändert sich nichts. Da muss man schon selbst aktiv werden. Zu spätes Reagieren bringt ebenfalls nichts, oder der Hund verknüpft es womöglich falsch. Denn der Hund lernt am Erfolg. Und sein Erfolg kann Ihr Misserfolg sein. Zeigen Sie Ihrem Hund also deutlich, was er tun soll und was nicht. Und regieren Sie sofort, wenn er etwas tut, was Sie nicht möchten. Dann ist die Sache für ihn klar, und er wird es akzeptieren.

Frauchen hat unterwegs die Nachbarin getroffen. Jetzt verabschieden sich die beiden. Frauchen möchte mit Bruno weitergehen, schaut ihn an und sagt zu ihm: »Auf geht's Bruno. Komm, jetzt müssen wir aber wirklich weiter.« Sie wartet ab, was Bruno macht und ob er nun auch tatsächlich losgeht. Ja, was soll Bruno tun? Frauchen steht da und »labert« ihn zu. Weil Bruno unkompliziert ist, passt er sich der Situation an. Er bleibt wie Frauchen an Ort und Stelle stehen. Denn nichts anderes vermittelt Frauchen ihm mit ihrem Warten!

REGELN FESTLEGEN

Was Hänschen nicht lernt …

KEIN HUND kann bereits im Welpenalter alles lernen, was für sein späteres Leben wichtig ist. Hunde lernen wie viele Tiere und auch wir Menschen lebenslang. In der Natur müssen sich die wilden Verwandten auf aktuelle Gegebenheiten einstellen, Jagdstrategien je nach Situation entwickeln und aus Erfahrungen lernen. Aber bestimmte Dinge, die sich dauerhaft verankern sollen, lernt schon der »wilde« Welpe und sollte daher auch unser Haushundwelpe während der Sozialisierungsphase (bis etwa Ende der 16./18. Lebenswoche) lernen.

Zunächst ist es Sache des verantwortungsvollen Züchters, seine Welpen mit verschiedenen Menschen und Geräuschen des Wohnumfeldes vertraut zu machen und ihnen abwechslungsreiche Erkundungsmöglichkeiten zu bieten.

Ab der Übernahme vom Züchter ist der neue Besitzer dafür verantwortlich, den Welpen individuell mit seinem neuen Umfeld und dem Leben seiner Menschen bekannt zu machen. Wie das aussieht, ist individuell verschieden. So lebt ein Hund in einer unternehmungslustigen Stadt-Familie mit Kindern anders als ein späterer Wachhund auf dem Bauernhof oder ein Vierbeiner im Forsthaus, der Herrchen zur Jagd begleiten soll. Also sehen die Eindrücke in der Sozialisierungsphase der Welpen dieser Beispiele alle unterschiedlich aus.

Zum Lernprogramm eines jeden Welpen gehört jedoch der Aufbau der Bindung zu seinem Menschen sowie das Lernen von Regeln, also was erlaubt ist und was nicht. Aber auch erste Gehorsamsübungen wie das Kommen auf Ruf, ordentlich an der Leine zu gehen sowie »Sitz« und »Platz« gehören dazu. Denn dadurch lernt schon der junge Hund, dass es sich lohnt, mit seinem Zweibeiner zusammenzuarbeiten, und dass es etwa für »Sitz« keine Belohnung gibt, wenn man nach dem Happen springt oder der Po ein paar Zentimeter über dem Boden schwebt. Das sind wichtige Feinheiten, die sowohl der junge Hund, aber in besonderem Maß auch sein Mensch lernen muss. So lernt der Hund auch, welche Verhaltensweisen ihm nützen und welche nicht.

Nichts Gutes tut man dagegen dem Hundekind, wenn man es, solange es noch »so klein« ist, vermeintlich vor allem behütet und es im Zusammenleben Narrenfreiheit hat. Denn dann hat der Vierbeiner schnell ein falsches Bild von Umwelt und Zusammenleben gespeichert. Beginnt dann mit einem halben Jahr oder noch später erst die Erziehung und das Kennenlernen der Umwelt, muss dies der Vierbeiner erst einmal verdauen. Außerdem haben sich bis dahin oft schon Verhaltensweisen gefestigt, die man beim Welpen noch nett fand, aber jetzt nicht mehr. Hat der Welpe ein Verhalten nachhaltig gelernt, ist viel mehr Durchhaltevermögen seitens des Menschen nötig, es zu verändern oder verschwinden zu lassen. Machen Sie es sich und dem Hund also nicht durch vermeintliches »Behüten« unnötig schwer, das zu lernen, was wichtig ist.

In meiner Welpenstunde versucht ein Welpe durch Ziehen an der Leine und Winseln zum Nachbarswelpen zu gelangen. Frauchen redet auf ihn ein und verlangt, dass er sich setzt. Alles ohne Erfolg, da das Sitzen, noch dazu unter Ablenkung, für den Welpen viel zu schwer ist und er den Sprachfluss sowieso nicht versteht. Richtig ist in dieser Situation: Stehen bleiben, nichts sagen, nichts tun und die Leine nur etwa einen Meter lang lassen. Minuten später liegt das Hundekind entspannt bei seiner Besitzerin, denn Winseln und Zerren ist erfolglos.

SOUVERÄNER UMGANG

Werden Sie zum Idol für Ihren Hund

DER MENSCHLICHE TEAMCHEF in der Mensch-Hund-Beziehung braucht Souveränität und innere Autorität, dazu Berechenbarkeit, Beständigkeit und Klarheit. Dies alles individuell der Persönlichkeit des Hundes angepasst, denn wie beim Menschen gibt es auch beim Hund eine große Bandbreite an Charaktereigenschaften. Von an den Lippen des Zweibeiners hängenden Vierbeinern über selbstbewusste Kopfhunde, unabhängige »Freigeister«, unterwürfige »Seelchen« bis hin zu reaktionsschnellen »Raketen« und auch stoischen Phlegmatikern ist alles vertreten.

Ein souveräner Umgang mit dem Hund braucht eine gewisse Sachlichkeit.

Also heißt es öfter: Lassen Sie die Emotionen außen vor und sehen Sie den Hund aus einer gewissen inneren Distanz als solchen. Auch wenn das so manchem Hundefreund schwerfällt. Doch der Hund ist kein Meerschweinchen. »Führung« heißt deshalb das Zauberwort. Sie ist mindestens die halbe Miete auf dem Weg zum harmonischen Miteinander von Mensch und Hund.

Aber nicht jeder Zweibeiner hat von vornherein die nötigen Führungsqualitäten. Je nachdem, wie gut Ihr Hund zu Ihrer Persönlichkeit passt, müssen Sie womöglich hart an sich arbeiten, bevor Sie so auftreten können, dass Sie für Ihren Hund sein »Idol« sind und er Sie respektiert. Denken Sie daran: Oft sind es nur vermeintliche Kleinigkeiten in der Körpersprache oder Stimme, die Großes bewirken. Und noch ein Tipp: Wer sich schon vor der Anschaffung des neuen Familienmitglieds Gedanken darüber macht, mit welchem Hundetyp er am besten zurechtkommen wird, macht sich vieles einfacher.

WISSEN EXTRA

Von klein bis groß

Auf dem Weg vom Welpen zum erwachsenen Hund gibt es verschiedene Entwicklungsschritte.

Am Anfang steht die sogenannte **vegetative Phase** – der Welpe sieht und hört nichts und kann nur robben. Aber Geruchssinn und Temperaturempfinden funktionieren schon ein wenig, sodass er selbstständig das Gesäuge und die Wärme von Mutter und Geschwistern finden kann. Das sind bereits wichtige Erfahrungen für den Welpen. Wenn sich in der dritten Lebenswoche die Augen öffnen und auch die anderen Sinne entwickelt sind, nimmt der Welpe bewusst seine Umwelt wahr – es beginnt die Sozialisierungsphase. Dieser Abschnitt dauert bis etwa Ende des vierten Lebensmonats und ist eine Zeit besonders nachhaltigen Lernens. Diese Phase dient in der Natur dazu, dass der Welpe die wichtigsten Dinge **dauerhaft im Gehirn verankert.** Er lernt jetzt, was Artgenossen sind (dazu gehören im weiteren Sinn auch wir Menschen), wie man sich mit ihnen verständigt und mit ihnen zusammenlebt, und wird von der Mutter sowie anschließend von seinem Menschen erzogen. Voller Neugierde erweitert der Welpe nach und nach seinen Radius, um zu lernen, wie seine Umwelt aussieht. Eine sehr wichtige Zeit also! Neben der einen oder anderen **Flegelphase** folgt auf dem Weg zur Geschlechtsreife die Zeit der Pubertät. Körperlich und mental völlig erwachsen sind Hunde – je nach Rasse – zwischen gut einem und drei Jahren.

SIE ENTSCHEIDEN

Geben Sie Ihrem Hund Sicherheit

IST ES NICHT DAS HUNDEPARADIES auf Erden, wenn der Vierbeiner tun und lassen kann, was er will? Und mag er seinen Mensch nicht lieber, wenn der ihm die Entscheidungen überlässt und stets schaut, dass es ihm an nichts fehlt? Nein, dem ist leider gar nicht so. So mancher enttäuschte Hundehalter muss feststellen, dass der ach so verwöhnte Liebling ihn wie Luft behandelt, sobald sich etwas Interessantes findet, und nicht die Bohne auf ihn hört.

Gibt der Mensch dem Hund weder Sicherheit noch Führung, wird dieser mit seiner Umwelt alleingelassen und praktisch dazu »verdammt«, alles selbst regeln zu müssen.

Manche Vierbeiner machen das durchaus gern und nutzen das schamlos aus, aber viele Hunde sind damit überfordert. Noch dazu in unserer zivilisierten Umgebung, in der man viele fremde Menschen und Hunde trifft, wodurch so mancher Interessenskonflikt entsteht. Je nach Persönlichkeit sinkt der Mensch bestenfalls im Ansehen seines vierbeinigen Gefährten auf gerade mal

Kumpelniveau, mit dem man sich vielleicht dann beschäftigt, wenn er Futter in der Hand hat oder sich gerade nichts Interessanteres bietet.

Ein Hund ohne Führung kann aber auch massiv verunsichert werden, was seinem Seelenleben nicht guttut. Ein persönlichkeitsstarker Vierbeiner ohne Führung kann sich dagegen im ungünstigsten Fall gegen seinen Mensch wenden. Spätestens dann wird es ungemütlich, und man hat sehr vieles übersehen.

Aber nicht nur der Hund, sondern auch der Mensch ist rasch überfordert. Vor allem dann, wenn er sich mit dem Hund nicht nur allein im heimischen Kämmerlein aufhält. Denn ein »führungsloser« Hund ist auch unterwegs nicht unter Kontrolle. Er geht seiner Wege, kommt nicht, wenn man ihn ruft, pöbelt Artgenossen und auch Menschen an, um nur ein paar Möglichkeiten zu nennen. Oft werden solche Hunde als ungehorsam oder dominant bezeichnet. Aber was sollen sie ohne klare Linie anderes tun als das, was ihnen richtig erscheint? Unsichere führungslose Hunde fühlen sich unwohl und schalten aus Angst auch schon mal auf Abwehr. Probleme sind also vorprogrammiert.

CHEF SEIN – CHEF BLEIBEN

Agieren statt reagieren

BELLEND RENNT LUCKY zur Terrassentür. Er hat Nachbars Katze in »seinem« Garten entdeckt und will sie umgehend verjagen. Jetzt müssen Sie nicht gleich springen und rasch die Tür öffnen, es sei denn, Sie selbst wünschen Nachbars Katze nichts Gutes ...

Wenn Sie sich lediglich in einer bestimmten Situation oder hin und wieder danach richten, was Ihr Vierbeiner möchte, ist das meist kein Problem. Doch häufig zieht sich diese »Schieflage« mehr oder weniger wie ein roter Faden durch das Zusammenleben von Zwei- und Vierbeiner. Das hat etwas mit der grundsätzlichen Sichtweise des Menschen auf seinen Hund zu tun. Will der Hund spielen, wird gespielt, bettelt er mit Schmachtblick, gibt es Futter, möchte er gestreichelt werden, wird geschmust, usw. Er soll es ja schön haben.

Wer aber immer nur reagiert, statt selbst die Initiative zu ergreifen, ist nicht souverän und gibt seinem Hund kein Gefühl der Sicherheit. Er ermöglicht oder verdonnert seinen Vierbeiner – je nach Hundetyp – geradewegs dazu, selbst aktiv zu werden. Das tut der dann aber nicht nur zu Hause, sondern überträgt das aus seinen Manipulationserfolgen Gelernte natürlich auch auf andere Situationen, auch unterwegs. Für einen Vierbeiner, dessen Mensch sich stets nach seinen Bedürfnissen richtet, ist es dann aus Hundesicht verständlicherweise völlig unlogisch, beispielsweise auf Ruf sofort zu kommen, wenn er auf der anderen Straßenseite seinen Hundekumpel gesehen hat. Ein zweibeiniger Teamchef ist immer von Vorteil für den Hund. Er vermittelt dem Vierbeiner, dass sein »Rudelführer« stark ist. Machen Sie sich das immer wieder bewusst.

Timo wurde von seinen Besitzern verwildert auf einem Campingplatz gefunden. Seitdem betüddelt ihn Frauchen und liest ihm jeden Wunsch von den Augen ab. Doch Frauchen ist ziemlich enttäuscht. Draußen findet Timo alles andere interessanter als sie. Obwohl er doch so verwöhnt wird und eigentlich dankbar sein müsste. Nein, gerade deshalb ...

SPRACHE

Mensch und Hund sprechen verschiedene Sprachen. Damit das Zusammenleben klappt, muss einer den anderen verstehen. Nur wenn Sie sich Ihrem Hund seiner Art entsprechend verständlich machen, kann er erkennen, was Sie von ihm möchten. Natürlich müssen auch Sie verstehen, was Ihr Hund Ihnen »sagt«. **Wenn Sie die Hundesprache richtig interpretieren, erspart das Ihnen und Ihrem Vierbeiner so manches Problem.**

KLARE ANSAGE

Konkret benennen, was der Hund tun soll

»JETZT MACH DOCH MAL SCHÖN SITZ. Das kannst du doch.« Bello steht ratlos vor seinem Herrchen. Fragend schaut der Vierbeiner seinen Menschen an. Was erwartet Herrchen bloß von ihm? Bello versteht nur Bahnhof, da Herrchen das eigentliche Signal »Sitz« gekonnt in einer Wortschlange versteckt hat. Selbst wenn der Vierbeiner bestimmte Kommandos durch Training gut gelernt hätte, kann er sie aus Satzgebilden nur schwer heraushören und folglich auch nicht darauf reagieren. Er wird mangels klarer Information früher oder später seine Ohren auf Durchzug schalten, was fälschlicherweise oft als Ungehorsam gedeutet wird. Dabei ist Bello doch völlig unschuldig.

Hunde können den Sinn unserer Sprache nicht verstehen, sondern sich nur am Klang und am Tonfall eines Wortes orientieren. Deshalb muss der Hund unsere verbalen Signale eindeutig zuordnen können.

Für jedes Verhalten, das Sie von Ihrem Vierbeiner erwarten, muss es ein eindeutiges Wort geben, wie etwa »Sitz« für das Setzen, »Hier« für das Kommen oder »Fuß« für das Dicht-an-Ihrer-Seite-Laufen.

Außerdem kann ein Hund nur dann lernen, dass etwa »Sitz« bedeutet »Hintern auf den Boden«, wenn er eine Zeit lang jedes Mal, während er sich setzt, das Wort »Sitz« hört.

Keinesfalls darf das Wort »Sitz« bereits vorher gefallen sein. Warum nicht vorher? Nehmen wir an, Bello hat noch nie ein »Sitz« gehört. Frauchen hält ihm ein Leckerchen über den Kopf. Bello wird versuchen, es zu erreichen. Die Hand mit dem Leckerchen bleibt ruhig und geschlossen. Irgendwann sitzt Bello von selbst, in dem Moment kommt »Sitz«, und der Hund erhält den Happen. So wäre es richtig.

Oft läuft es aber folgendermaßen ab: Bello springt immer wieder nach der Hand mit dem Leckerchen, während Frauchen wiederholt »Sitz« sagt. Was verknüpft der Vierbeiner hier wohl mit dem »Sitz«? Richtig – dass was er gerade tut, nämlich hochspringen!

Es kommt also nicht auf unsere Bedeutung des Wortes an. Sondern darauf, welches Wort der Hund jedes Mal hört, wenn er ein bestimmtes Verhalten zeigt.

Deshalb könnte er genauso lernen, sich auf »Banane«, »Eimer« oder irgendein japanisches Wort zu setzen. Hauptsache, es ist immer dasselbe Wort, und der Moment stimmt.

Damit sich die Signale, die für den Hund bestimmt sind, von der Tonlage unseres sonstigen täglichen Redeschwalls unterscheiden, ist es von Vorteil, wenn Sie sie gut betonen, also zum Beispiel »Fuuß« oder »Hiiier«. Erst wenn der vierbeinige Schüler nach genügend Wiederholungen das Verhalten mit dem entsprechenden Wort verknüpfen konnte, kann er, nachdem Sie ihm Ihre Anweisung gegeben haben, wie gewünscht darauf reagieren.

Die Besitzerin eines jungen Hundes war ratlos. Ihr Vierbeiner komme nicht, wenn sie ihn rufe. Auf die Frage, wie sie es ihm denn beigebracht hätte, erzählte sie, dass sie ihn von Anfang an einfach mit »Hier« ruft, wenn er auf der Wiese herumläuft oder mit einem anderen Hund spielt. Die nächste Frage war, woher der Hund denn wissen sollte, dass ihr »Hier« bedeutet, er solle zu ihr kommen? Grübel, grübel… Wenn sie es sich genau überlegt, könne er es ja gar nicht wissen. Richtig!

NÜTZLICHES REZEPT 3

NAMENSEINSATZ

Den Hundenamen immer positiv anwenden

Überstrapazieren Sie den Namen Ihres Vierbeiners nicht! Sonst wird er für ihn bedeutungslos. Sagen Sie seinen Namen überwiegend dann, wenn für den Hund etwas Interessantes darauf folgt, zum Beispiel bevor Sie mit ihm spielen. Oder etwa, wenn Sie anschließend mit ihm spazieren gehen. In Verbindung mit »Anweisungen« nennen Sie den Namen dagegen nicht. Wenn Sie Ihren Hund zu sich rufen, sitzen oder bei Fuß gehen lassen möchten, dann reicht das entsprechende Wort. Denn darauf ist er konditioniert. Nicht aber auf Bellositz, Belloplatz, Bellohier. Auch für das Auflösen einer Übung reicht das Auflösungssignal. Andernfalls kann es sein, dass der Hund die Übung schon beim Ertönen des Namens beendet, weil er sich angesprochen fühlt. Und das soll er nicht.

GUT UNTERSCHEIDEN

Worte bewusst wählen

DAMIT DER HUND RICHTIG auf ein verbales Signal reagieren kann, muss es eindeutig sein. Verwenden Sie etwa »Sitz« für Sitzen und »Flitz« für das Trainingsende, ist das zu ähnlich. Außerdem darf ein Kommando nur dann gesagt werden, wenn Sie das dazugehörige Verhalten vom Hund erwarten und nicht etwa als Füllwort, wie es zum Beispiel mit »Komm« als Rückrufsignal oft passiert. Auf diese Erklärung antwortet eine Welpenbesitzerin:

»Ich verwende »Komm« nur für das Kommen.« Später üben wir zum ersten Mal Bei-Fuß-Laufen. Da sagt die Dame zu ihrem Welpen: »Komm, jetzt machen wir Fuß.« Überrascht hält sie sich die Hand vor den Mund und sagt: »Jetzt habe ich es doch gesagt.« Nebenbei hat sie das »Fuß« gekonnt für den Hund in einer Wortschlange getarnt und an der völlig falschen Stelle gesagt. Denn ihre Daisy kennt »Bei-Fuß« ja noch nicht.

DIE RICHTIGEN TÖNE

Mit dem Tonfall lenken

NEBEN DEM KLANG EINES WORTES ist der Tonfall ein weiteres bedeutendes Element für die Erziehung Ihres vierbeinigen Lieblings. Der Tonfall kann motivierend, lobend, einladend oder korrigierend sein. Er kann eine »Anweisung« deutlich machen, aber auch Unsicherheit ausdrücken. Hektik und Nervosität sind ebenfalls am Tonfall »ablesbar«.

Möchten Sie Ihren Hund loben, wird er ein strammes, nüchternes »So ist es brav« nicht als Lob verstehen. Da braucht es schon einen »netten« Tonfall. Allerdings keinen »erleichterten«, der Frauchens Gedanken und ihre Unsicherheit widerspiegeln: »Ach, jetzt hat er das tatsächlich gemacht, so ein Braver, hätte ich nie gedacht!«

Ebenso wird den Hund etwa ein hektisches »Bleib, bleib« nicht dazu veranlassen, entspannt an einer bestimmten Stelle liegen zu bleiben, während Sie sich ein Stück von ihm entfernen. Denn so ist im Nu auch er angespannt und bereit zum Losdüsen. Ein betont ruhiges, aber bestimmtes »Bleib« dagegen vermittelt Entspannung.

Ein spannender, höherer Tonfall wirkt einladend und lässt vor allem Welpen und Junghunde freudig zu Frauchen eilen. Eine spannende, motivierende Stimmlage wird von Bello begeistert als Spielaufforderung mit Ihnen empfunden. Überlegen Sie also, was Sie Ihrem Hund vermitteln möchten, und wählen Sie den dafür passenden Tonfall. Besonders auch dann, wenn Sie das Verhalten Ihres Hundes damit verändern möchten. So mancher Zweibeiner lässt sich nämlich unbewusst vom Hund »anstecken«. Man wird hektisch, obwohl man seinen vierbeinigen Nervösling eigentlich ruhig bekommen möchte, oder steht kraftlos und lasch samt Spielzeug mit einem gelangweilten »Schau mal, dein Ball« neben seinem felligen Couchpotato, um ihn zum Spielen zu animieren. Das kann nur in die Hose gehen.

Nicht jeder Vierbeiner aber reagiert gleichermaßen auf die Stimme. Ein sensibles Exemplar registriert schon feine Nuancen im Tonfall, was einerseits gut ist, andererseits aber Feingefühl vom Menschen erfordert. Bei dickfelligeren Hunden muss man dagegen oft deutlicher werden.

Soeben habe ich in der Welpengruppe erklärt, wie man das Hundekind mit spannender Stimme auf sich aufmerksam macht und zum fröhlichen Kommen ohne Umwege veranlasst. So, der Nächste ist nun dran. Ich halte den Welpen leicht fest, während sich seine Besitzerin ein paar Meter entfernt. »Und nun mit spannender, freundlicher Stimme auf sich aufmerksam machen!« Was kam, war ein strammes, mahnendes »Friedrich, komm her!« Friedrich rannte los – und bog zu einem anderen Welpen ab, der etwas abseits mit seinem Zweibeiner wartete. Das gefiel der Dame gar nicht. Beim nächsten Treffen erzählte sie, dass sie tüchtig geübt habe. Nun flötete Frauchen in hoher, freundlich-spannender Tonlage: »Hei Friedrich, schau mal!« Und Friedrich rannte mit fliegenden Öhrchen schnurstracks zu Frauchen!

KÖRPERSPRACHE

Achten Sie auf Ihre Körpersignale

KLEIN LINO KOMMT auf den Ruf von Herrchen gemächlich heran, da ihn unterwegs interessanter Mäusegeruch ablenkt. Herrchen ist »not amused« und geht mit einem strengen »Hier« forsch und nach vorn gebeugt auf Klein Lino zu. Der bleibt verunsichert stehen. Aber wollte Herrchen denn nicht, dass er schneller kommt? Schon, doch Herrchens Körpersprache wirkt auf den jungen Hund bedrohlich, und daher zögert er. Würde sich Herrchen dagegen rechtzeitig flott von seinem Vierbeiner entfernen, würde Lino »die Beine in die Hand« nehmen und sich sputen. Denn bewegt man sich vom Vierbeiner weg, animiert ihn das zu folgen. Beherrscht Bello das Bei-Fuß-Gehen, probieren Sie einmal Folgendes aus – am besten auf einer Wiese mit interessanten Gerüchen: Der Hund sitzt angeleint an Ihrer Seite. Einmal sagen Sie gelangweilt »Fuß«, schauen zum Hund und schlurfen los. Das andere Mal sagen Sie motivierend »Fuß« und gehen sofort froh und bestimmt los, ohne den Hund anzuschauen. Sehen Sie, wie unterschied-

lich Ihr Hund sich verhält? Kaut Klein Lino beispielsweise am Stuhlbein und hört damit auf, wenn Herrchen mit einem strengen »Nein« auf ihn zugeht, ist die Botschaft angekommen.

Hunde reagieren sehr fein auf Körpersignale von uns Menschen. Passen Sie also gut auf, dass Sie Ihrem Hund nicht etwas ganz anderes »sagen«, als Sie meinen. Auch die Dosis muss stimmen. Um etwa einladend zu wirken, braucht es bei manchem Vierbeiner mehr Engagement und Überschwänglichkeit als bei einem anderen. Genauso ist es mit der Korrektur über die Körpersprache. Zu wenig ist genauso falsch wie zu viel.

Ob Freundlichkeit, Ruhe, Unsicherheit, Nervosität oder Selbstsicherheit – alles kann der Vierbeiner aus unserer Körpersprache lesen. Egal ob wir etwas bewusst oder unbewusst signalisieren.

Die Körpersprache spielt auch bei den Sichtzeichen für Übungen eine Rolle. So setzt der Hund sich leichter, wenn wir gerade stehen und unsere Hand nach oben zeigt. Der Vierbeiner schaut nach oben, das Hinterteil geht nach unten. Beugen wir uns aber bei »Sitz« über ihn, deuten auf den Boden oder gar auf Bellos Hinterteil, orientiert er sich nach unten oder gar nach hinten. Beim »Platz« ist dagegen eine Handbewegung nach unten das Richtige.

Auch im alltäglichen Umgang mit Bello wirkt unsere Körpersprache. Läuft er etwa unterwegs ohne Leine, wird ihn allein unser entschlossener Schritt, ohne sich um den Hund zu kümmern, dazu veranlassen, Anschluss zu halten. Nicht aber zögerliches Gehen, weil wir uns immer wieder versichern müssen, ob Bello auch mitläuft. Gelangweiltes Dahinschlurfen signalisiert ihm ebenfalls, dass er alle Zeit der Welt hat. Ein Wegdrängen, Anrempeln oder ein Knuff ist manchmal eine wirksame, für den Hund verständliche Art der Korrektur (→ Seite 37). Streicheln und Kuscheln fördern das Zusammengehörigkeitsgefühl.

Ben soll an einer bestimmten Stelle sitzen bleiben. Frauchen sagt »Bleib«, geht ein ganzes Stück weg und bleibt zum Hund gewandt stehen. Doch sie ist zu weit weg gegangen. Das ist für Ben noch zu viel, und er ist gerade dabei, aufzustehen und Frauchen zu folgen. Frauchen sieht das und ruft »Ach Ben«, klatscht in die Hände und geht zwei, drei Schritte rückwärts. Und schon ist Ben ganz bei ihr. Denn sich vom Hund wegzubewegen, seinen Namen zu rufen und dabei auch noch in die Hände zu klatschen, ist für Ben geradezu eine Aufforderung zum Kommen ...

SPRACHE MIT PFIFF

Die Hundepfeife ist hilfreich

WENN FRAUCHEN MIT DÜNNER STIMME »Hier« ruft, während der Vierbeiner gerade mit Highspeed hinter einer Katze herjagt, hat das oft wenig Wirkung. Es mangelt Frauen nämlich häufig an der Autorität in der Stimme. Da wirkt eine Hundepfeife wesentlich besser. Zum einen schon deshalb, weil ihr Ton im Gegensatz zu unserer oft »dauerpräsenten« Stimme exklusiv nur in Verbindung mit dem Kommen zu hören ist. Aber auch, weil der Pfiff eindringlicher ist. Doch Achtung – es gibt leider kein »Hundepfeifen-Gen«, das dem Hund sagt, Pfiff = Kommen. Er muss die Bedeutung des Pfiffs genauso wie jedes andere Signal erst systematisch lernen. Aber wie läuft es in der Praxis oft? Es wird eine Hundepfeife gekauft und unterwegs einfach mal gepfiffen. Zuversichtlich erzählt der Zweibeiner dann, Bello schaue schon manchmal auf, wenn der Pfiff ertöne. Treffender wäre: Bello schaut noch (!) manchmal. Denn natürlich reagiert der Hund zunächst auf das für ihn unbekannte Geräusch. Mit der Zeit kennt er es aber und schaut dann leider nicht mehr, ganz zu schweigen vom zuverlässigen Zurückkommen. Denn ohne Training kann der Hund Pfiff und Kommen nicht miteinander verknüpfen. Dass der Pfiff immer gleich sein muss, versteht sich von selbst. Sie könnten zum Beispiel immer einmal lang pfeifen oder zwei kurze Pfiffe nacheinander wählen.

COOL BLEIBEN

In der Ruhe liegt die Kraft

FIDO IST RÜPELIG UND ZWICKT Frauchen wiederholt von hinten in die Hose. Frauchen dreht sich um, beugt sich wild gestikulierend zum Hund und ruft hektisch: »Ja hörst du jetzt sofort damit auf. Ich werde gleich stinksauer!!!!« Fido wird noch wilder. Beide schaukeln sich gegenseitig hoch. Was aber nichts bringt.

Energiebündel Jacky soll sich setzen, springt aber stattdessen sein Frauchen an. Sie beugt sich zum Hund und sagt mit hoher, angespannter Stimme »Sitz«. Jacky springt weiter an ihr hoch. Sie wiederholt immer wieder und immer hektischer ihr »Sitz, sitzt, sitz jetzt endlich!!!« Jacky wird zum Flummy und hüpft und hüpft und hüpft ...

In beiden Beispielen schaukeln sich Mensch und Hund gegenseitig weiter hoch. Was natürlich nichts bringt und die Probleme letztlich verschärft.

Vielen Hundehaltern fällt es schwer, cool zu bleiben, weil sie das Verhalten ihres Vierbeiners zu persönlich nehmen. Also besser erst mal ruhig durchatmen. Ruhe und innere Autorität, auch im täglichen Zusammenleben, sowie bei Bedarf eine kurze, emotionslose Zurechtweisung im ersten Beispiel, ein ruhiges, ein klares Kommando in aufrechter Körperhaltung im zweiten wirken dagegen meist Wunder. Wie eine Zurechtweisung genau aussieht, hängt vom Hundetyp ab und davon, was Sie selbst überzeugend umsetzen können. Da kann ein strenges »Gscht« reichen, aber auch ein Anrempeln richtig sein.

GENAU HINSCHAUEN

Was der Hund sagen will

BELLO WEDELT MIT DEM SCHWANZ. Dann ist ja alles bestens! Doch so einfach ist das nicht. Wedelt der Hund mit dem Schwanz, heißt das zunächst einmal nichts anderes als: Ich bin aufgeregt. Dann kommt es auf die Art des Wedelns an und vor allem darauf, was der Vierbeiner sonst noch an Körpersprache zeigt. Hunde können nämlich auch beim Drohen wedeln, in diesem Fall langsam und steif. Auch wenn der Hund beispielsweise nach Mäusen buddelt und dabei wedelt, hat das nichts damit zu tun, dass er auf diese Weise die Mäuse freundlich begrüßen möchte. Es ist vielmehr ein Zeichen seines Jagdeifers. Genauso ist es, wenn er ausgebremst wedelnd am Gartenzaun steht, durch den soeben sein »Feind«, die Katze, entwischt ist.

Bello kann auch langsam wedeln, weil er gerade noch unentschlossen ist und abwartet. Also immer den gesamten Hund betrachten. Dann erkennen Sie rasch, was Sache ist.

WISSEN EXTRA

Was Bello nicht versteht

Es gibt Reaktionen unsererseits, die der Hund auf keinen Fall so versteht, wie Sie es sich vielleicht vorstellen. Dazu gehört beispielsweise, den Hund zur Strafe für den Rest des Spaziergangs anzuleinen, weil er nicht auf Ruf gekommen ist. Oder ihm zur Strafe eine Mahlzeit zu streichen. Solche Dinge sind völlig sinnlos, weil der Vierbeiner keinerlei Verknüpfung zu dem unerwünschten Verhalten herstellen kann. Außerdem – würden Sie wirklich wollen, dass der Vierbeiner das Laufen an der Leine oder eine fehlende Mahlzeit (etwa vor einer längeren Autofahrt) als Strafe empfindet? Ebenso empfindet er so manches »Lob« nicht als solches: wenn Sie ihm zum Beispiel den Kopf tätscheln oder ihn hektisch am Körper streicheln und tätscheln oder ihm von vorn »streichelnd« über das Gesicht fahren.

RICHTIGES TIMING

Den Hund problemlos umlenken

DER KOPF HEBT SICH, die Ohren werden, je nach Form, gespitzt oder angehoben, der Blick ist zielgerichtet – Bello hat eindeutig etwas Interessantes im Blick oder in der Nase! Vielleicht ist es ein Tannenzapfen, den er sich unterwegs zum Spielen holt, oder es kommt gerade sein vierbeiniger Kumpel zum Toben um die Ecke. Womöglich ist es aber auch ein fremder Mensch, den er inspizieren möchte oder ein Reh, das auf der Wiese steht. Dann heißt es reagieren, und zwar flott! Das Handeln im richtigen Moment ist ein sehr nützlicher Griff in die Trickkiste. Sie werden erstaunt sein, wie anders Ihr Vierbeiner reagiert, wenn Sie ihn »lesen« können und im richtigen Moment das Richtige tun. Doch wie läuft es im Hundehalte-Alltag oft ab? Bello läuft frei ein Stück voraus, ein angeleinter fremder Hund taucht auf. Bello spitzt die Ohren und schaut aufmerksam in Richtung Artgenosse. Frauchen schaut auch. Aha, Bello hat den Hund gesehen. Ich möchte zwar nicht, dass er hinläuft, aber jetzt schaue ich mal, was er tut.

Bello richtet seine Aufmerksamkeit natürlich immer stärker auf den Artgenossen, läuft schon schneller. Frauchen denkt, läuft der jetzt wirklich hin? Tatsächlich, welche Überraschung, Bello gibt Gas! Oh, denkt Frauchen, das ist aber jetzt blöd, und ruft: »Hierher, Bello.« Doch der Drops ist gelutscht – Bello ist schon dort, wo er eigentlich nicht sein sollte. Warum? Weil Frauchen viel zu spät reagiert hat und ihrem Vierbeiner zusah, wie der sich mehr und mehr auf etwas konzentrierte, was ihn gar nicht interessieren sollte. Hätte sie Bello schon bei den ersten Anzeichen seiner Aufmerksamkeit zu sich gerufen, wäre er ziemlich sicher sofort gekommen – vorausgesetzt natürlich, er kennt ein Komm-Signal.

Das Verhalten des eigenen Hundes richtig einzuschätzen und dann perfekt getimt zu reagieren, ist einer der wichtigsten Schlüssel zum Vermeiden diverser Probleme sowie unerwünschter Erfolgserlebnisse des Vierbeiners. Dabei können Sie heftig gefordert sein, denn je wacher und reaktionsschneller der Vierbeiner, desto schneller müssen Sie handeln. Mehr Zeit bleibt dagegen beim vierbeinigen Phlegmatiker.

Abwarten erschwert das ideale Timing für Ihre Reaktion also und gibt dem Hund in entsprechenden Situationen mehr Zeit, das zu tun, was man eigentlich gar nicht will. Sie lassen ihm nicht nur mehr Zeit, sondern erreichen unbewusst und ungewollt auch noch eine »Beschleunigung« des Vierbeiners, wenn Sie Ihre Aufmerksamkeit ebenfalls auf das richten, was ihn so auffallend interessiert.

Noch ein weiteres Beispiel: Im Gebüsch hat es verdächtig geknackt. Bello steht angespannt und die Nase in den Wind haltend noch am Wegesrand. Nun schaut auch Frauchen angespannt in Richtung Gebüsch und sagt ebenfalls gespannt: »Ja, was ist denn da wohl drin?« Und schon ist der Vierbeiner ganz im Jagdmodus, und ab geht es durch die Mitte.

Gina kommt aus schlechten Verhältnissen und verträgt sich nicht mit anderen Hunden. Sie muss angeleint werden, sobald ein anderer Hund zu sehen ist. Das weiß Ginas neues Frauchen. Ich gehe mit meiner Hündin spazieren und sehe die beiden über die Wiese in Richtung unseres Weges kommen. Gina hat meine Hündin bereits gesehen, was an ihrer Körpersprache deutlich zu sehen ist. Starr und fertig zum »Abflug« steht Gina da. Was macht Ginas Frauchen? Sagt doch glatt: »Schau mal, wer da kommt.« Im letzten Moment erwischt sie Gina dann noch am Halsband …

WISSEN EXTRA
Von Hund zu Hund

Direkte Botschaften an Artgenossen werden überwiegend durch die Körpersprache, aber auch durch Laute wie Bellen, Winseln oder Jaulen übermittelt. Der **Inhalt einer Botschaft** ergibt sich immer aus einer Kombination von Mimik, Körperhaltung und Schwanzhaltung. Auch wir Menschen müssen **alle »Einzelteile« zusammen betrachten**, um das Verhalten des Vierbeiners richtig zu deuten. Unter Artgenossen gibt es auch indirekte Botschaften, die durch Gerüche verschickt werden, wie etwa Duftmarken durch Hinterlassenschaften. So kann ein Vierbeiner auch **ohne die »persönliche« Anwesenheit** des Artgenossen wunderbar »lesen«, ob es sich hier um einen Freund, einen Erzfeind oder vielleicht die Angebetete handelt.

KONFLIKTE LÖSEN

Vierbeiner in Verlegenheit

WER KENNT DAS NICHT – es sind zwei Dinge zu erledigen, und man ist hin- und hergerissen, wofür man sich entscheiden soll. Unentschlossen und »innerlich zerrissen« kratzt man sich während der Entscheidungsfindung am Kopf. Auch unsere Vierbeiner können in derartige innere Konflikte geraten. Bello soll zum Beispiel an einer bestimmten Stelle bleiben. Frauchen geht jedoch für sein Verständnis zu weit weg. Er möchte eigentlich hinterher, weiß aber, dass er sitzen bleiben muss. Bello beginnt sich zu kratzen, leckt sich über die Schnauze oder gähnt. Alles schön und gut, aber wie geht man als Mensch mit diesem Verhalten des Vierbeiners um? In diesem Beispiel müsste Frauchen wieder auf Bello zugehen und »Sitz« verbal wiederholen und am besten auch noch als nach oben gerichtetes Handzeichen zusätzlich verstärken (→ Seite 26). Aber rasch genug, sonst ist Bello schon unterwegs! Sie erinnern sich sicher noch daran, dass zu langes Abwarten und Passivität nicht von Erfolg gekrönt sind (→ Seite 14). Doch solche Übersprung-

handlungen können auch ein Zeichen dafür sein, dass der Zweibeiner zu ehrgeizig war. Zeigt der Hund sie häufiger, heißt es daher, im Training ein paar Stufen zurückgehen!

Aber auch außerhalb von Übungen zeigt der Vierbeiner damit, dass ihm etwas zu viel wird, er verunsichert oder im Konflikt ist. Jagt Bello in anfangs genanntem Beispiel Nachbars Katze hinterher und wird durch den Zaun ausgebremst, leckt er sich über die Schnauze – aus einer Übersprunghandlung heraus. Denn er ist immer noch im »Verfolgungsmodus« und sozusagen gedanklich der Katze weiter auf den Fersen. Doch die Jagd wird durch den Zaun plötzlich abgebrochen.

Auch wenn der Hund gestreichelt wird und das nicht mag, leckt er sich vielleicht über die Schnauze oder gähnt bei insgesamt verunsichertem Ausdruck. Sie sehen, für die richtige Interpretation sind immer die gesamte Körpersprache und die Situation wichtig. Aber natürlich ist bei Weitem nicht jedes Gähnen, Kratzen oder Über-die-Schnauze-Lecken eine tiefschürfende Botschaft, sondern kann ganz banale Auslöser wie etwa Juckreiz oder Müdigkeit haben.

DIE ANGST NEHMEN

Dem Vierbeiner Sicherheit vermitteln

WIE BEI UNS MENSCHEN gibt es auch unter Hunden Angsthasen. Die Angst kann von Vorsicht bis Panik reichen. Sie zu erkennen, ist im Zusammenleben mit dem Vierbeiner wichtig, denn ein falsches Verhalten von uns Zweibeinern kann Angst verstärken.

Hunde können vor Umweltreizen wie Lärm oder unbekannten Objekten, aber auch vor Menschen oder Artgenossen Angst haben. Der Hund zeigt Vorsicht und Angst deutlich über seine Körpersprache. Der Schwanz geht nach unten oder wird mehr oder weniger stark zwischen die Hinterbeine geklemmt. Die Ohren werden hängen gelassen und nach hinten gezogen. Dazu vermeidet der Hund Blickkontakt zu dem angstauslösenden Objekt und oft auch zum Menschen. Die Körperhaltung des Vierbeiners ist mehr oder weniger geduckt. Je nachdem wie sehr er sich fürchtet, bewegt er sich zögerlich oder zeigt deutliches Meideverhalten und flüchtet.

Woher kommt Angst bei Hunden? Zunächst gibt es die Grundveranlagung eines jeden Hundes, die ihm angeboren ist. Es gibt Vierbeiner, die von Natur aus bei Unbekanntem erst einmal von etwas Gutem ausgehen. Andere sind grundsätzlich vorsichtig gegenüber Fremdem, erkunden es aber selbst oder mit ihrem Menschen und haken es als ungefährlich ab. Wieder andere sehen in vielem eine Gefahr, lernen aber nicht oder nur schwer dazu.

Dazu kommen die Umwelterfahrungen. Wobei natürlich ein nervenstarker Hund auch eine negative Erfahrung wesentlich besser wegsteckt als das übervorsichtige Sensibelchen.

Was bedeutet das nun für das Zusammenleben? Ein vorsichtiger oder ängstlicher Hund braucht die Sicherheit seines Zweibeiners besonders dringend. Das heißt nicht, ihn durch Betüddeln vermeintlich zu trösten. Denn dieses unsouveräne Verhalten verunsichert Bello noch mehr. Aber das wollen Sie ja gerade nicht erreichen. Bleiben Sie einfach bei ihrem vierbeinigen Liebling und verhalten Sie sich entspannt. Dann sieht der Hund, dass Sie sich nicht fürchten. Das heißt auch für ihn Entwarnung. Gewöhnen Sie ihn außerdem schrittweise an für ihn schwierige Dinge (→ Davor habe ich Angst, Seite 129).

KONSEQUENZ

Wenn Sie einmal hü und einmal hott zu Ihrem Hund sagen, weiß er nicht, wie er Sie einschätzen soll und woran er ist. Der Vierbeiner reagiert dann vielleicht anders, als Sie es erwarten. **Drücken Sie sich Ihrem Hund gegenüber klar aus und verhalten Sie sich beständig. Das gibt ihm die nötige Orientierung, Sicherheit und baut Vertrauen auf.**

REGELN AUFSTELLEN

So wenig wie möglich, so viel wie nötig

UNSERE HUNDE MÜSSEN sich mit mehr Regeln arrangieren als ihre wilden Verwandten. Ein Wolf muss weder lernen, Stuhlbeine und Teppiche in Ruhe zu lassen oder an lockerer Leine zu laufen, noch auf Kommando zu sitzen, die Rose nicht auszugraben, Fremde nicht anzuspringen oder dass der Esstisch tabu ist. Welche und wie viele Regeln man braucht, hängt nicht zuletzt davon ab, welchen Typ Hund Sie haben.

Einem Vierbeiner, der sich aus Sicht des Zweibeiners keinesfalls danebenbenimmt, muss man nichts verbieten. Sinn macht es allerdings, nur solche Regeln aufzustellen, deren Einhaltung man umsetzen kann.

Soll der Vierbeiner etwa, während seine Menschen essen, auf seinem Platz liegen bleiben, lässt sich das gut trainieren und umsetzen. Soll aber der junge Hund die teure Rose nicht ausgraben, macht es wenig Sinn, ihn wiederholt zu »schimpfen«. Denn zum einen sehen Sie ihn höchstwahrscheinlich gar nicht jedes Mal, wenn er im Garten zugange ist. Dann wird vielleicht einmal eingegriffen, die nächsten drei Male jedoch nicht. Zum anderen ist ständiges Schimpfen der Mensch-Hund-Beziehung nicht gerade zuträglich.

Im Rosen-Beispiel wäre also das vorübergehende Einzäunen der Blume die stressfreiere Strategie. Die Rose wird nämlich uninteressant, wenn der junge Hund sie nicht mehr erreichen kann. Genauso ist es zum Beispiel mit einer Treppe, die der Youngster (noch) nicht begehen soll, etwa weil sie offen und daher zu gefährlich ist. Hier bewährt sich ein Kinderabsperrgitter, anstatt jedes Mal zu schimpfen, wenn der Kleine an der Treppe steht. Der Zaun um die Rose und auch das Absperrgitter verschwinden frühestens, wenn Bello über längere Zeit keinerlei Versuche unternimmt, diese Hürden zu überwinden, beziehungsweise wenn er groß genug ist, die Stufen gefahrlos zu laufen.

Stellen Sie nur dort Regeln auf, wo es wirklich wichtig ist. Die müssen dann aber auch befolgt werden. Denken Sie gar nicht erst darüber nach, hin und wieder großzügiger damit umzugehen. Ihr Vierbeiner könnte das nicht verstehen, und Ihre gut gemeinten Ausnahmen würden ihn lediglich verunsichern.

RICHTIG KORRIGIEREN

Wenn Bello partout nicht folgen will

KLEIN BELLO VERGNÜGT SICH an den Teppichfransen. Was tun? Macht der Hund etwas, was er nicht tun soll, müssen ihm Grenzen gesetzt werden. Aber wie? Auch das hängt wieder davon ab, welcher Typ er ist.

Könnte man den Teppich nicht eine Zeit lang wegräumen? Schon, aber irgendwann liegt er wieder dort, und das Problem stellt sich von Neuem. Oder sollte man Klein Bello mit einem Spielzeug ablenken? Einen Versuch ist es wert. Doch was, wenn er nicht mehr spielen möchte oder sich gar nicht für sein Spielzeug begeistern lässt und die Fransen einfach unwiderstehlich findet?

Es führt also in manchen Lebenslagen kein Weg daran vorbei, Bello zu zeigen, dass bestimmte Dinge tabu für ihn sind. Das ist aber kein Grund für Gewissensbisse. Denn in einer guten

NÜTZLICHES REZEPT 4

ÜBUNGEN EINFORDERN

Wenn Bello keinen Bock hat

Wenn Bello eine Übung zuverlässig beherrscht, sie aber nicht machen möchte, weil er gerade keinen Bock hat, liegt es an Ihnen, sie einzufordern. Macht er etwa kein »Sitz« obwohl er es kann und registriert hat, dass Sie das gesagt haben, wiederholen Sie es noch einmal. Dabei drücken Sie das Hinterteil Ihres kleinen Ignoranten nach unten oder zupfen ihn kurz und rasch am Fell an der Kruppe (kurz über dem Schwanzansatz). Dann setzt er sich und nimmt ernst, was Sie sagen. Das tut er jedoch nicht, wenn Sie tatenlos neben ihm stehen und er etwa hört: »Sitz, siiiiitz, hallo, ich habe etwas zu dir gesagt« – und Sie zum Schluss frustriert aufgeben.

Hund-Mensch-Beziehung beeinträchtigt eine klare Ansage diese nicht, sondern schafft wie auch Lob Klarheit. Sich in die Gemeinschaft einzugliedern und sich anzupassen, bleibt eben auch Vierbeinern nicht erspart ... Es kann reichen, entschlossen und mit einem tiefen »Nein«, einem »Gscht« oder aber auch unter »Knurren« auf den Hund zuzugehen, um ihm Einhalt zu gebieten. Lässt Klein Bello die Fransen daraufhin schließlich in Ruhe, ist die Sache geklärt, und Sie brauchen nicht weiter auf ihn einzuwirken.

Was aber, wenn er nur frech schaut und dann weitermacht? Dann war die Intensität des Eingreifens für diesen Hund zu wenig deutlich. Ein Wegschieben oder Schubsen kann hier das Richtige sein. Aber auch ein beherzter Griff ins Nackenfell (auf keinen Fall schütteln!) kann helfen, kombiniert mit einem »Nein«, Knurren oder Ähnlichem. Das ist artgerecht und auch unter Hunden durchaus üblich.

Wichtig: Sobald der Hund sich so verhält wie erwünscht, bekommt er durch ruhiges Streicheln und stimmliches Lob die positive Rückmeldung, dass das Einstellen des unerwünschten Verhaltens okay war. So zeigen Sie Ihrem Vierbeiner, dass Sie und er trotz Korrektur zusammengehören. Sie können ihm anschließend auch eines seiner Spielzeuge geben. Ebenso wichtig: Jede Korrektur »cool«, ohne Hektik und ohne Schimpftirade ausführen!

Hunde-Mama Enya liegt im Garten und kaut genüsslich auf ihrem getrockneten Schweineohr. Das weckt die Neugierde dreier ihrer Welpen. Sie machen sich auf den Weg zu ihr. Als sie sich Mamas Kopf nähern, kommt ein tiefer Knurrer. Zwei der Neugierigen akzeptieren das sogleich und treten den Rückzug an. Nicht aber Nummer drei. Er lässt sich nicht abschrecken und setzt seinen Weg zum Schweineohr fort. Es gibt einen deutlicheren Knurrverweis seitens Mama. Doch auch der beeindruckt den vorwitzigen Welpen nicht wirklich. Zu verlockend ist das getrocknete Schweineohr, und Mama kann doch gar nicht böse sein. Der Frechdachs kommt noch näher. Nun ist aber Schicht im Schacht. Seine Mutter fährt herum und verpasst ihm knurrend einen raschen Schnauzenstoß, sodass der Welpe aus dem Gleichgewicht gerät. Das sitzt! Quietschend räumt Herr Frech nun endlich das Feld. Wenig später leckt Enya ihrem Hundekind über das Gesicht, und alles ist wieder gut. In Zukunft lässt der Kleine seine Mutter in Ruhe knabbern. Wieder etwas fürs Leben gelernt.

VORSCHRIFTEN BEGRENZEN

Das Recht auf ein freieres Leben

AUCH DER HUND BRAUCHT Freiheiten. Wie viele Sie ihm gewähren können, hängt von der Persönlichkeit des Hundes ab, aber vor allem von Ihren Führungsqualitäten (→ Seite 10). Denn je besser der Hund sich an Ihnen orientiert, je stärker also die Bindung zu Ihnen ist, desto »freier« kann er leben. Startet Bello etwa schon durch, wenn er auf 200 Meter Entfernung einen Artgenossen sichtet, oder geht er unterwegs stets großräumig und ausschließlich seinen Interessen nach, muss er häufig an die Leine. Anders der Vierbeiner, der unterwegs stets den Zweibeiner im Auge behält und in relativ begrenztem Radius bleibt, egal was kommt. Versucht der Vierbeiner beim Essen auf den Tisch zu gelangen, muss der auf seinem Platz bleiben. Ebenso, wenn er jedem Besuch vor Freude ins Gesicht springt.

NÜTZLICHES REZEPT 5

MACH MAL PAUSE

Freizeit und Arbeit mit dem Hund trennen

Es gibt Hundehalter, die ihrem Vierbeiner fast keinen »freien« Schritt gestatten. Der Hund darf beim Spaziergang nicht hinten bleiben, er darf nirgendwo schnüffeln oder mit Artgenossen spielen. Das tut keinem Hund gut. In manchen Punkten ist es jedoch sinnvoll, zwischen Arbeit und Freizeit des Hundes zu trennen. Das gilt besonders fürs Schnüffeln und Markieren. Für Hunde, die genügend Freilauf haben, ist beides an der Leine oder wenn sie unter einem Kommando stehen, tabu. Andernfalls zieht Bello Frauchen von einer Hausecke zur nächsten und hebt an den unpassendsten Stellen das Bein. In der Freizeit dagegen darf Bello sich nach Herzenslust ausleben.

Jeder Hund sollte jedoch so viel Freiheit wie individuell möglich haben. Bei einem »braven« Hund können Sie die Zügel ruhig einmal etwas lockerer lassen. Andere Vierbeiner müssen enger »geführt« werden.

Jeder Hund muss natürlich auch die Möglichkeit haben, sich täglich frei bewegen zu können. Das heißt, sich ohne irgendwelche Anweisungen seines Zweibeiners sowohl im Haus als auch draußen aufzuhalten. Ein Hund braucht hin und wieder freien Kontakt zu Artgenossen, genügend Freilauf und auch zu Hause beispielsweise die Möglichkeit, sich auszusuchen, wo er gerade liegen möchte (soweit es nicht unerlaubterweise Ihr Bett ist ...). So bevorzugen viele Hunde bei Wärme anstelle ihres Hundebettes den kühlen Fliesenboden. Ein Vierbeiner, der immer nur gegängelt wird, ist wahrlich ein »armer Hund«.

UNBEQUEM, ABER WICHTIG

Disziplin bei Bellos Erziehung

KONSEQUENZ in der Hundeerziehung ist in der Theorie schön und gut – wenn nur der Alltag nicht wäre! Frauchen setzt sich ins Café und legt den Hund neben sich ins Platz. Sie unterhält sich mit ihrer Freundin. Irgendwann steht der Hund auf und sucht Krümel auf dem Boden. Keine Reaktion von Frauchen. Später auf dem Spaziergang nähern sich Radfahrer. Frauchen legt den Hund wieder ins Platz. Als die Radfahrer fast auf gleicher Höhe sind, riecht es vom anderen Wegrand verlockend für Bello. Der Vierbeiner steht auf, Frauchen ist entsetzt und wütend ...

Doch kann Bello Frauchens Verhalten vorhin im Café und jetzt unterscheiden beziehungsweise verstehen? Nein, das kann er nicht. Verlangen Sie eine Übung von Ihrem Hund deshalb nur dann, wenn Sie sie auch durchsetzen können und wollen. Im Zweifelsfall sollten Sie besser kein »Sitz« oder »Platz« vom Hund verlangen, sondern den Hund zum Beispiel mit der Leine am Tischbein festbinden. Beenden Sie jede verlangte und ausgeführte Übung, denn sonst kann Bello nicht erkennen, wie lange das, was Sie ihm sagen, gilt. Wenn Sie all dies nicht tun, kann Ihr Vierbeiner Ihr Verhalten nicht einordnen, und Sie dürfen sich nicht wundern, wenn er nicht zuverlässig gehorcht.

GEMEINSAM KUSCHELN

Immer schön flexibel bleiben

SOFA, BETT UND ÄHNLICHES sind aus Hundesicht privilegierte und daher begehrte Liegeplätze. Denn sie sind erhöht, ziemlich bequem und ermöglichen einen besonderen Überblick. Deshalb stehen sie eigentlich dem Teamchef zu. Doch wenn es zwischen Ihnen und Ihrem Vierbeiner keine Unstimmigkeiten gibt und Sie nichts gegen Hundehaare auf Sofa oder Bett haben, spricht nichts gegen gemeinsames Kuscheln.

Aber nicht unbedingt in Form ständigen freien Zugangs. Besser ist es, Ihr Hund springt nur auf Ihre Aufforderung hin auf die Couch oder ins Bett. Er kann ja auch mal schmutzig sein. Ebenso muss er ohne Murren das Feld räumen, wenn Sie es wünschen. Ein Zeichen der Erlaubnis kann auch eine bestimmte Decke auf der Couch sein. Liegt sie dort, darf der Hund hinauf. Ohne Decke ist das Sofa tabu.

Gibt es jedoch »Kompetenzprobleme« zwischen Ihnen und dem Hund und haben Sie sowieso schon Mühe, ihn zu

NÜTZLICHES REZEPT 6

GUT GELAUNT INS TRAINING

Stimmungsschwankungen verunsichern

Trainieren und verlangen Sie nur dann etwas von Ihrem Hund, wenn Sie gut drauf sind und dafür sorgen können und wollen, dass er Ihre Anweisungen befolgt. Wer schlecht gelaunt ist oder unter Zeitdruck steht, verschiebt die Trainingseinheit besser auf später. Ist man nämlich einmal nachlässig, dann wieder besonders konsequent oder einmal fröhlich und dann wieder schlecht drauf, fehlt Ihrem Vierbeiner die Klarheit. Das macht es für ihn schwierig, alles richtig zu machen. Außerdem gilt: Lieber weniger und kürzer trainieren, aber dafür sehr genau – als zu oft, zu lang und ungenau.

leiten und zu beeinflussen, dann lassen Sie das mit Zugang zu Bett und Sofa besser sein. Denn sind Sie Bello im Grunde egal, hört er nicht auf Sie oder neigt er gar zum Nachmaulen, ist es für ihn im ungünstigen Fall nur »logisch«, Ihnen Bett und Sofa streitig zu machen. Wenn es sein muss, auch nachdrücklich. Das ist auch bei Kleinhunden nicht mehr lustig. Ersparen Sie sich diese »Baustellen« dann besser und arbeiten Sie an der Mensch-Hund-Beziehung.

Es gibt auch andere Situationen, in denen Hund und Mensch flexibel sein können beziehungsweise müssen.

Angenommen, Ihr Vierbeiner ist eine Wasserratte, hat aber eine Verletzung, die nicht nass werden darf. Oder das Gewässer ist für den Badespaß ungeeignet. Er kann natürlich einerseits an der Leine bleiben, was für ihn aber weniger schön ist. Doch es ist auch völlig in Ordnung, ihn aus dem Freilauf zurückzurufen oder mit einem Verbotswort (das er natürlich vorher schon gelernt haben muss) davon abzuhalten, jetzt ins Wasser zu gehen. Dazu ist es, wie so oft, hilfreich und notwendig, wenn der Hund sich gut an seinem Menschen orientiert und außerdem zuverlässig gehorcht.

EXKLUSIVE BELOHNUNG

Nur das Besondere belohnen

HAT DER VIERBEINER ETWAS GUT gemacht, wird er gelobt, keine Frage. Doch auch Loben will gelernt sein. Zunächst gilt es herauszufinden, was für den Vierbeiner ein echtes Highlight ist. An erster Stelle steht für die meisten Hunde Futter. Damit können Sie Ihren vierbeinigen Liebling sehr gut im richtigen Moment belohnen. Aber auch ein Spielzeug, Streicheln oder ein lobender Tonfall kann der Hit sein.

Doch wann und wie oft sollte der Vierbeiner gelobt und belohnt werden? Etwa für jede »Leistung«? Nein, denn dann würde die Belohnung ihren Stellenwert verlieren.

Solange der Hund eine Übung lernt, wird er für jede richtige Ausführung belohnt und anfangs mit der Belohnung dazu motiviert, die Übung auszuführen. So wird der Vierbeiner sich beispielsweise irgendwann von selbst setzen, wenn man ihm den Happen über den Kopf hält, er ihn aber nicht bekommt, solange er nicht sitzt.

Beherrscht er eine Übung, gibt es nur noch hin und wieder einen Happen, aber immer erst nach der Ausführung. Das spornt den Hund an. Für alltägliche Dinge, wie beispielsweise ein einfaches »Sitz« – ohne Ablenkung – neben Ihnen, gibt es gar nichts mehr.

Für besondere Leistungen, wie etwa promptes Kommen während des Tobens mit Artgenossen oder ein braves »Sitz«, obwohl eine nette Hundedame vorbeiläuft, winkt dagegen der Hauptgewinn – bei Futter wären das dann gleich etliche Happen auf einmal! Belohnung muss exklusiv sein. Bekommt der Hund auch Happen einfach so zwischendurch, hat er sein Lieblingsspielzeug ständig zur freien Verfügung oder wird er dauernd gestreichelt, verpufft die Wirkung bald.

Amigo kann »Sitz«, mag aber manchmal nicht Frauchens Anweisung ausführen. Frauchen sagt »Sitz«, Amigo schaut sie an und wartet. Aha, Frauchen versteht ihren geliebten Vierbeiner und holt einen Happen aus der Tasche. Oh, welch Wunder – Amigo setzt sich, ohne zu überlegen, sofort. Vorsicht, Falle! Hier hat der Vierbeiner seinen Menschen sehr gut trainiert. Im Fall Amigo wird das vierbeinige Schlitzohr nicht für seine Leistung belohnt, sondern lässt sich mit Futter bestechen. Das hat mit Gehorsam, der belohnt werden soll, leider gar nichts zu tun.

WISSEN EXTRA
Ignorieren

Das Ignorieren eines unerwünschten Verhaltens wird auch heute noch oft bei der Erziehung des Hundes als Allheilmittel verbreitet. Was jedoch oft falsch ist. Ignorieren funktioniert nur dann, wenn das Erreichen des Ziels für Bello über den Menschen führt, der ihn mit Nichtbeachten »straft«.

Kaut der Vierbeiner etwa am Stuhlbein, wird er das, wenn man ihn ignoriert, so lange tun, wie er Lust hat. Denn das Knabbern am Stuhlbein macht ihm Spaß, ist also selbstbelohnend, und er braucht Sie dazu nicht. Steht der Hund dagegen bellend an der Terrassentür, weil er draußen spielen möchte,

braucht er Sie, um hinauszukommen. Sie möchten ihn aber nicht hinauslassen, wenn er bellt, und ignorieren dementsprechend seine Bemühungen. Der Hund erreicht also sein Ziel nicht und wird das lautstarke Fordern letztlich einstellen, weil er erlebt, dass er keinen Erfolg mit seinem Verhalten hat.

IN DER FAMILIE

Ein vierbeiniges Familienmitglied bereichert den Alltag ungemein! Der Hund lebt aber nicht einfach nur mit uns, sondern verfolgt aufmerksam, was sich in der Familie tut und welche Botschaften er von seinen Zweibeinern bekommt. Diese liest er natürlich auf Hundeart und verhält sich entsprechend. **Da kann es schon mal zu Missverständnissen kommen, die sich aber oft mit dem einen oder anderen kleinen Erziehungstrick wieder gerade biegen lassen.**

DAS WC IST DRAUSSEN

Der schnellste Weg zur Sauberkeit

ZU DEN WICHTIGSTEN DINGEN, die Klein Bello lernen muss, gehört, dass das Haus kein Hundeklo ist. Gute Vorarbeit des Züchters spart dabei einige Mühe. Denn hatte der Welpe dort schon die Möglichkeit, von seinem Lager aus nach draußen zu laufen, um sich auf Gras zu lösen, muss er nur noch lernen, wo es im neuen Zuhause in den Garten beziehungsweise nach draußen geht.

An Ihnen liegt es nun zu erkennen, wann das Hundekind ein Bedürfnis drückt. Meist geht das nicht ohne das eine oder andere Malheur im Haus vonstatten, denn auch der frischgebackene Hundebesitzer muss sich erst daran gewöhnen, den Kleinen stets möglichst gut im Auge zu behalten. Das ist zunächst ungewohnt. Aber keine Sorge, nach wenigen Wochen ist das Hundekind in aller Regel sauber.

Warten Sie nicht darauf, dass der Welpe jammernd an der Tür steht, wenn er »muss«. Viele laufen zwar zur Tür, bleiben dort aber stumm. Hier hilft nur eines: das Hundekind genau beobachten. War es schon länger nicht mehr draußen, bringen Sie den Knirps einfach mal auf Verdacht hinaus. Vor allem, wenn er mehr getrunken oder schon eine Zeit lang gespielt hat. Läuft er suchend herum oder dreht er sich im Kreis, eilt es. Auch morgens nach dem Aufstehen oder wenn er tagsüber geschlafen hat.

Muss ein Welpe aufs »Klo«, ist keine Zeit zu verlieren. Steht er nicht sowieso schon an der Tür, versuchen Sie nicht, ihn dorthin zu locken. Nehmen Sie ihn auf den Arm und tragen Sie ihn hinaus. Auf dem Arm wird er sich nicht lösen, auf dem Weg zur Tür dagegen schon!

Die meisten Welpen müssen auch nachts das eine oder andere Mal raus. Mit der Stubenreinheit klappt es schneller, wenn das Hundekind auch dann hinausgebracht wird. Dazu schläft der Welpe am besten in einer Hundebox oder Ähnlichem, und zwar in Ihrer direkten Nähe. Muss er, wird er unruhig. Schließlich möchte er sein Bettchen nicht beschmutzen. Dann heißt es: Raus aus den Federn und mit dem Welpen unter dem Arm ins Freie! Bei kleinen Hunden und einem weiten Weg nach draußen könnte man den Vierbeiner zunächst an eine Katzentoilette, etwa auf dem Balkon, gewöhnen.

KUSCHELN TUT GUT

Gemeinsam mit dem Hund entspannen

KÖRPERKONTAKT FÖRDERT den Zusammenhalt. In einem Rudel wird gern gekuschelt und sich gegenseitig beknabbert. Letzteres gehört zur sozialen Körperpflege, auch Grooming genannt.

Da die Lebensgemeinschaft zwischen Mensch und Hund ebenfalls eine Art »Rudel« ist, gilt das auch für Ihr Zusammenleben mit Ihrem Vierbeiner. Also ist Kuscheln angesagt! Besonders gut tut das gemeinsame Entspannen beispielsweise nach einem Erlebnisspaziergang oder einer Übungseinheit.

Zum Kuscheln eignet sich eine Sommerwiese ebenso wie der Teppich zu Hause. Aber nicht jeder Vierbeiner ist eine echte Schmusebacke. Manche lieben den engen Körperkontakt über alles, andere sind der Meinung, weniger

NÜTZLICHES REZEPT 7

STUBENREIN OHNE SCHIMPFEN

Bello rechtzeitig nach draußen bringen

Vielleicht haben Sie »kluge« Ratschläge bekommen, was zu tun ist, wenn der Welpe sich in der Wohnung gelöst hat. Ein Klaps mit der Zeitung, ihm das Malheur zeigen und schimpfen oder gar die Hundenase ins Häufchen oder Pfützchen stecken? Noch immer geistern diese abstrusen Tipps umher. Vergessen Sie die ganz schnell! Das Einzige, was Ihr Vierbeiner dabei lernen würde: Es ist äußerst unangenehm, sich zu lösen. Das wäre schlimm für ihn, und er würde sich in Zukunft möglichst versteckte Ecken für seine »Geschäfte« suchen. Passiert das Malheur im Haus, haben Sie nicht genug aufgepasst oder versäumt, den Welpen rechtzeitig hinauszubringen. Schimpfen müssen Sie dann höchstens sich selbst …

ist mehr, oder sträuben sich gar gegen zu viel Nähe. Probieren Sie doch einfach einmal aus, wie sich Ihr Hund verhält, wenn Sie es sich auf dem Teppich gemütlich machen.

Auch das Grooming kann man bei manchen Hunden Menschen gegenüber beobachten. Sie knabbern (»flöhen«) dann ganz vorsichtig an der Hand oder am Arm. Falls das jemandem unangenehm ist, lenken Sie Bellos Aufmerksamkeit auf etwas anderes um. Unsereins betreibt Grooming, indem man den Hund ruhig krault, ihn massageähnlich und langsam streichelt oder bürstet. Bürsten natürlich, ohne dass es zieht!

Enya liebt engen Körperkontakt beim Kuscheln. Sie kann es abends kaum erwarten, bis sich Herrchen eine Zeit lang zu ihr auf den Teppich legt. Sie rutscht dann so nah wie möglich heran, legt am liebsten auch noch den Kopf auf Arm, Rücken oder Bauch ihres Zweibeiners und macht zufrieden ein Nickerchen. Am allerliebsten ist es ihr aber, wenn sie sich zwischen die Beine ihres Menschen kuscheln kann. Es geht eben nichts über ein lebendes Hunde-Körbchen!

GRENZEN SETZEN

»Junge Wilde« in den Griff bekommen

IST DER VIERBEINER JENSEITS des Welpenalters während des Spiels und auch sonst rüpelig und respektlos, wird das vor allem bei größeren Hunden unangenehm. Aber auch bei kleinen macht das keinen Spaß. Meist liegt eine solche Entwicklung an Versäumnissen im Welpenalter. Der Mensch erliegt dem Kindchenschema und ist ganz verzückt von seiner kleinen »Plüschbombe«. Er verdrängt, dass auch ein Welpe schon ein richtiger Hund mit einer individuellen Persönlichkeit ist, der permanent lernt.

Erträgt man im Welpenalter vieles, baut der Hund sein Verhalten aus. Das beeinträchtigt ab einer gewissen Intensität das Zusammenleben ziemlich. Hier hilft nur eine gründliche Veränderung des Umgangs mit dem Hund und der inneren Einstellung zu ihm – am besten mithilfe eines kompetenten Trainers.

Ferry, 10 Monate alt, ist mittlerweile ziemlich groß und hat viel Kraft. Er spielt sehr rüpelig, provoziert seine Besitzer und setzt auch schon mal die Zähne fester ein. Frauchen hat mittlerweile eher Angst vor ihm, Herrchen mag ihn, aber auch ihm fehlt die Souveränität. Ferry springt jeden respektlos an, mag keine Radfahrer und läuft daher meist an der – fast immer straffen – Leine. Kooperativ ist er nur, wenn seine Menschen einen Happen in der Hand haben. Eine sehr ungünstige Situation. Wie kam es dazu?

Ferry war schon als Welpe eher wild und stellte viel an. Doch seine Besitzer verkannten die Situation, weil er ja noch so klein war und so nett aussah. Sie setzten ihm keine Grenzen. Das würde sich schon alles geben, hofften sie. Tat es natürlich nicht.

Nur durch souveräne Führung und Ausstrahlung von Sicherheit könnten Ferrys Halter das Ruder noch herumreißen, bevor der Vierbeiner richtig erwachsen ist, und so diesem und seiner Persönlichkeit gerecht werden. Das würde allen dreien mehr Lebensqualität im Zusammenleben bringen.

DEN SPIESS UMDREHEN

Widerspenstige zähmen

DER HUND SOLL AUS DEM GARTEN hereinkommen, hat aber keine Lust dazu. Frauchen macht und tut – doch der Vierbeiner widersteht hartnäckig jeder Taktik. Sie will ihn fangen. »Was für ein tolles Spiel«, denkt sich Bello und lässt sich natürlich nicht erwischen. Vielleicht kommt er irgendwann von selbst – die Terrassentür ist ja offen, damit er jederzeit rein und raus kann. Oder hat er Frauchen vielleicht schon so trainiert, dass er erst antanzt, wenn sie mit einem besonderen Happen winkt? Kommen Ihnen diese Szenarien bekannt vor? Wenn ja, dann drehen Sie doch den Spieß einfach um.

Sie rufen den Vierbeiner einmal. Kommt er nicht sofort, gehen Sie flott ins Haus und schließen umgehend die

Tür hinter sich. Das gefällt vielen Hunden gar nicht. Schließlich sitzt ihr eigenwilliger Liebling vor geschlossener Tür. Lassen Sie ihn dort ruhig ein wenig schmoren, bevor Sie ihm kommentarlos öffnen. Solange er jedoch womöglich an der Tür kratzt oder jammert, bleibt die Tür zu. Warten Sie, bis Ihr Vierbeiner sich ruhig verhält.

Für hartnäckige Verweigerer empfiehlt sich eine mehrere Meter lange Schnur oder ein Seil am Halsband. Bevor Sie den Hund aus dem Garten zu sich rufen, nehmen Sie das Ende des Seils in die Hand. So kann er Sie nicht austricksen. Lassen Sie Ihren Vierbeiner grundsätzlich nicht zu oft allein im Garten. So manche Hunde werden dann zu

eigenständig, wenn sie sich dort ohne ihren Menschen gut beschäftigen können.

Oder schicken Sie ihn einfach nur dann in den Garten, wenn er eigentlich gar nicht hinausmöchte. Zum Beispiel, wenn Sie gerade anfangen, sein Fressen vorzubereiten oder sein Lieblingsspielzeug aus dem Schrank holen, mit dem Sie sich dann selbst sehr interessiert beschäftigen. Schließen Sie die Tür hinter dem Hund und öffnen Sie sie erst, nachdem er eine Zeit lang draußen warten musste. Rufen Sie Ihren Vierbeiner (auch wenn er schon vor der Tür sitzt). Sie werden staunen, wie gern der aus dem Garten ins Haus kommt, um endlich sein Futter zu bekommen oder aber mit Ihnen zu spielen!

DER AUSGEH-TRICK

Wenn Bello vor Freude überschäumt

SICHER FREUT SICH DER HUND, wenn Sie sich zum Spaziergang fertig machen und die »Hundejacke« vom Haken nehmen. Er springt sofort auf, wedelt erwartungsvoll mit dem Schwanz, nimmt vielleicht gleich noch seinen Ball mit. Und dann kann es losgehen! Doch wenn der Hund kläffend hin und her rast und

so überdreht, dass kein Teppich mehr an seinem Platz liegt, oder Ihnen hektisch bis ins Gesicht springt, ist das etwas zu viel des Guten.

Falls Sie etwas ändern möchten, nehmen Sie zunächst Ihr Verhalten unter die Lupe. Kündigen Sie Ihrem Vierbeiner den Spaziergang schon mit aufgeregter Stimme an? Machen sich auch »aufgeregt« zum Gehen fertig? Wenn ja, bringen Sie am besten mehr Ruhe in die Situation. Das allein kann schon helfen. Vielleicht denken Sie auch, dass es das Beste ist, möglichst schnell mit dem Hund hinauszugehen, damit er sich beruhigt. Das ist ein Trugschluss, denn dies würde er nach Hundeart als Belohnung seiner Aufregung einordnen.

Um ihn »herunterzufahren«, darf der Vierbeiner keinen Erfolg mehr mit seinem Verhalten haben.

Folgendes hilft garantiert: Beginnen Sie in Ruhe Ihr Ritual, also Hundejacke vom Haken nehmen, Schuhe anziehen usw. Bei den ersten Anzeichen von zu viel Aufregung des Hundes stoppen Sie das Ritual, setzen sich zum Beispiel an Ihren Tisch und beachten den Hund nicht. Das wird ihn zunächst verblüffen.

Eventuell versucht er, Sie mit noch mehr Action zum Aufbruch zu motivieren. Schenken Sie ihm auch jetzt keine Aufmerksamkeit. Irgendwann hat er sich beruhigt. Erst wenn er sich einige Momente lang ruhig verhalten hat, setzen Sie Ihr Ritual fort. Dann verknüpft er Ihr Vorgehen mit seinem ruhigen Verhalten. Sobald der Hund wieder aufgeregt wird, unterbrechen Sie von Neuem Ihr Ritual und warten. Das machen Sie so lange, bis Sie mit einem deutlich ruhigeren Vierbeiner zur Tür hinausgehen können.

Verhalten Sie sich vor jedem Spaziergang auf diese Weise. Sie werden sehen, Ihr vierbeiniger Freund wird sich immer schneller beruhigen!

TRAGEN STATT LAUFEN

Wenn der Welpe nicht mitwill

DAS HUNDEKIND IST EINGEZOGEN, und endlich können Sie mit dem Spazierengehen loslegen. Das denken Sie – Ihr Fellknäuel sieht die Sache jedoch völlig anders. Keine Sorge – das ist anfangs ganz normal.

Welpen sind in der Natur vielen Gefahren ausgeliefert, wenn sie sich zu weit von ihrem sicheren Bau entfernen. Deshalb bleiben sie instinktiv lieber in dessen Nähe. Auch Haushunde haben diesen Instinkt und entwickeln zunächst eine starke Ortsbindung an ihr Zuhause. Da der Welpe die meiste Zeit mit seinen Menschen in der Wohnung verbringt, wird sie so für ihn zu seinem »Bau«. Diese Ortsbindung ist aber nicht bei jedem Welpen gleich intensiv ausgeprägt. Manche »kleben« mehr, manche weniger. Mit der Zeit lockert sich die Ortsbindung. Das heißt aber nicht, dass Sie mit Ihrem Welpen daheimbleiben müssen, solange er in dieser Phase ist. Allerdings sollten Sie ihn nicht mit viel Aufhebens nach draußen locken oder gar an der Leine aus dem Haus ziehen. Nehmen Sie ihn auf den Arm und tragen Sie ihn zum Auto oder bis dahin, wo Sie ihn laufen lassen möchten. Ist er erst einmal weit genug vom Haus weg, »vergisst« er seinen Bau.

FERN DER KÜCHE

Tipps gegen lästige Küchenhelfer

DIE KÜCHE HAT FÜR DIE MEISTEN Vierbeiner eine geradezu magische Anziehungskraft. Oft findet sich auf dem Küchenboden der ein oder andere leckere Brösel, oder es fällt – wenn Bello ganz großes Glück hat – sogar ein größerer Happen von der Arbeitsplatte. Da ist ein Hund durchaus ganz praktisch! Doch so mancher vierbeinige Küchenhelfer übertreibt es bisweilen. Ständig wuselt er zwischen den Beinen seiner Menschen herum und hofft im wahrsten Sinne des Wortes – auf »Abfall«. Da stolpert man schnell mal über den Hund, wenn man zwischen Herd, Arbeitsplatte und Kühlschrank pendelt.

Möchten Sie Ihren fleißigen Helfer aus den Beinen haben, gibt es mehrere Möglichkeiten: Machen Sie die Küche grundsätzlich zum Tabu-Bereich. Das geht mittels Absperrgitter oder rigorosem Hinausbefördern des Hundes, sobald er eine Pfote in die Küche setzt. Das müssen dann aber alle Familienmitglieder immer so machen. Oder Sie legen ihn, während Sie kochen, auf seinem Bett ab. Achten Sie darauf, dass er dort bleibt, und vergessen Sie nicht, das Ablegen am Schluss wieder aufzulösen.

Es geht aber auch einfacher. Bewegen Sie sich in der Küche so, dass Ihnen der Hund ständig ausweichen muss. Schauen Sie ihn dabei nicht an, sagen Sie nichts und bewegen Sie sich auch nicht bedrohlich auf ihn zu. Verhalten Sie sich so, als wäre er »Luft«. Das ständige Ausweichen wird Ihrem Vierbeiner bald lästig werden, und er wird sich aus der Küche trollen. Selbstverständlich gibt es keinen Happen von dem, was Sie auf der Arbeitsplatte zubereiten. Denn dann dürfen Sie sich nicht wundern, wenn der Hund an Ihren Beinen »klebt«.

VOM THRON HOLEN

Wenn Bello die Couch verteidigt

SOLANGE MENSCH UND HUND eine intakte soziale Beziehung haben, darf Bello auch mit auf die Couch (→ Souveräner Umgang, Seite 16). Problematisch wird es aber, wenn der Vierbeiner sich auf Couch oder Bett breitmacht und seine Zweibeiner durch Drohen auf Distanz hält. Ein solches Verhalten kommt allerdings nicht von ungefähr, sondern ist das Ergebnis einer zunehmenden Schieflage der Mensch-Hund-Beziehung durch fehlende Führung.

Erkennt man Anzeichen dafür nicht oder nimmt sie nicht ernst, übernimmt mancher Hund – gleich ob groß oder klein – irgendwann selbst das Zepter. Couch oder Bett sind in diesem Fall für den Vierbeiner tabu.

Wenn Sie sich nicht sicher genug sind, um Ihren Couchbesetzer direkt auf den Boden zu befördern, befestigen Sie tagsüber eine längere Schnur an seinem Halsband. Damit können Sie ihn aus einer sicheren Entfernung von seinem »Thron« holen. Machen Sie diesen ab sofort unbenutzbar. Also Tür zum entsprechenden Zimmer schließen und/oder Couch oder Bett mit Besenstielen, Eimern oder Büchern und dergleichen unbequem gestalten. Zusätzlich müssen Sie unbedingt an Ihren Führungsqualitäten arbeiten (→ Alles Chefsache, Seite 10)! Am besten mithilfe eines Trainers.

»Ich lasse Merlin kastrieren«, erzählte mir meine Schwester. »Warum das denn?«, fragte ich. »Bedrängt er alle Hundedamen und verträgt er sich nicht mehr mit Rüden?« »Das nicht«, meinte sie. Aber Merlin, ein verwöhnter, kaum erzogener Kleinhundrüde, hatte – nicht zum ersten Mal – die 15-jährige Tochter angeknurrt, als die ihn vom Wohnzimmersessel heben wollte. »Dagegen hilft Kastrieren nicht«, erklärte ich ihr und schlug ihr vor, es zur Abwechslung doch mal mit Erziehung zu versuchen. Doch dazu müsste sie erst ihre Einstellung von »süßer, kleiner Schmuse-Merlin« in »Merlin ist ein richtiger Hund« ändern ...

DER INNENARCHITEKT

Möbel nach Bellos »Geschmack«

WELPEN TREIBT OFT DIE NEUGIERDE zur Erkundung von Stuhlbeinen und anderen knabberfreundlichen Einrichtungsgegenständen. Doch nach einigen Wochen sollte sich das gelegt haben. Wenn sich der ältere Vierbeiner an Wänden, Teppichleisten oder Ähnlichem zu schaffen macht, kann das verschiedene Ursachen haben – wie etwa Langeweile, aber auch Stress sowie Probleme mit dem Alleinbleiben (falls es nur in Ihrer Abwesenheit passiert). Ist das Ziel stets der Putz an der Wand, könnte eventuell ein Mineralstoffmangel die Ursache sein. Fragen Sie dazu Ihren Tierarzt.

Beknabbert der Vierbeiner nur eine bestimmte Fußbodenleiste, ein Möbel- oder Wandstück, hilft es, diese Stelle unzugänglich zu machen oder mit Bitterstoffen aus dem Zoofachhandel zu präparieren. Auch eine geräumige Hundebox, in der der Hund langweilige oder besonders turbulente Zeiten verbringen kann, ist in solchen Fällen hilfreich (→ Seite 57). Lesen Sie dazu die Punkte »Der Zappelphilipp« (→ Seite 55) und »Zu Hause bleiben« (→ Seite 56).

NÜTZLICHES REZEPT 8

AUFRÄUMEN HILFT

Heute Frauchens neue Schuhe zerlegt

Zwar zerbeißt nicht jeder Vierbeiner etwas, doch nicht wenige finden Spaß daran – manchmal auch noch jenseits des Welpenalters. Aufräumen heißt hier das Zauberwort. »Aber den kaputten Schuh darf Bello zum Spielen behalten«, denken Sie vielleicht. Besser nicht, denn sonst können Sie sich bald von weiteren Schuhen verabschieden. Ob alt oder neu, kann der Hund nämlich nicht unterscheiden. Aufräumen sollten auch die Kinder. Kleinteilige Spielzeuge sind für Hunde gefährlich, wenn sie sie verschlucken.

DER ZAPPELPHILIPP

Ruhe und Action im Wechsel

KOMMT IHR VIERBEINER nicht zur Ruhe? Möchte er dauernd beschäftigt werden und verlangt Aufmerksamkeit? Vielleicht ist er nicht ausgelastet. Vielen Hunden reicht reines Spazierengehen nicht. Vor allem lebhafte Hunde und solche, die Gebrauchshunderassen angehören, brauchen Arbeit, die auch den Kopf fordert. So bringt etwa einem bringfreudigen Labrador eine Dreiviertelstunde Apportierarbeit mehr als zwei Stunden eintöniger Spaziergang. Doch auch der kann erlebnisreich gestaltet werden. Über Baumstämme balancieren oder springen oder auf Baumstümpfen ruhig sitzen bleiben, sorgt für Abwechslung und fordert den Vierbeiner.

Aber auch durch zu viel »Bespaßung« kann ein Hund nervös und unruhig werden. Das passiert leicht, wenn beispielsweise die Kinder ständig mit ihm spielen, er anderweitig überfordert wird oder sein Zweibeiner nervös ist. So kann er nie zur Ruhe kommen und braucht letztlich womöglich sogar »Daueraction«. Gönnen Sie Ihrem Hund dann mehr Ruhe. Eine Hundebox ist dabei sehr hilfreich (→ Rezept, Seite 57). Hier kann er bequem abschalten, ohne dass Sie ihn stets im Blick haben müssen.

Manche Hunde sind aber einfach von ihrem Typ her »hibbelig« und kommen nicht leicht zur Ruhe, trotz adäquater Auslastung. Hier ist eine geräumige Hundebox unschlagbar. Der Hund hat dort keine Möglichkeit, sich zu beschäftigen, und muss Langeweile aushalten. Aber so kann er letztlich entspannen und »herunterfahren«.

Unruhig und nervös kann ein Hund aber auch werden, wenn er verunsichert oder ängstlich ist. Das kann durch seine Veranlagung, aber auch durch das Verhalten seines Menschen bedingt sein. Ist der Mensch seinem Hund gegenüber launisch und unberechenbar, kann dieser ihn nicht einschätzen. Auch das macht den Vierbeiner nervös.

Wer seinem Hund keine Sicherheit gibt, neigt zudem nicht selten dazu, ihn für unsicheres Verhalten zu bemitleiden und zu »trösten«, was den Angsthasen aber leider noch unsicherer macht (→ Davor habe ich Angst, Seite 129). Hier müssen Sie also in erster Linie an sich arbeiten, um Ihren Liebling zu »entstressen«. Das wird ihm guttun!

ZU HAUSE BLEIBEN

Ohne mich – das geht nicht

EINIGE STUNDEN ALLEIN zu bleiben, bedeutet für die meisten Hunde etwas ganz Normales. Doch für so manches vierbeinige Familienmitglied ist es eine mittlere Katastrophe, wenn seine Zweibeiner ohne ihn das Haus verlassen. Protest ist angesagt!

»Du Armer musst leider allein bleiben, Frauchen muss jetzt weg«, bedauert Frauchen Ihren vierbeinigen Liebling und herzt ihn ausgiebig. Der Hund merkt, dass irgendetwas komisch ist, und das ist ihm suspekt. Dann geht Frauchen auch noch ohne ihn aus dem Haus. So nicht, denkt sich der Vierbeiner und protestiert.

Oder Herrchen kommt nach Hause zurück und begrüßt den daheimgebliebenen Vierbeiner überschwänglich. Auch der Hund ist völlig aus dem Häuschen. Ganz gespannt hatte der »Verlassene« diesem Highlight – endlich kommt mein Herrchen zurück – schon jammernd entgegengefiebert!

Häufig sind solche Verabschiedungs- und Begrüßungsorgien ein Grund für Probleme beim Alleinbleiben des Hundes. Verhalten Sie sich deshalb ganz normal, sowohl beim Weggehen als auch beim Zurückkommen. Oft verschwinden dann auch die Probleme ganz von allein. Falls nicht, finden Sie zunächst heraus, wann der Hund beginnt, sich aufzuregen. Wenn Sie sich bestimmte Schuhe anziehen oder eine bestimmte Jacke? Oder wenn Sie den Hausschlüssel in die Hand nehmen?

Angenommen, es ist die Jacke. Ziehen Sie sie an und bewegen Sie sich damit ganz normal in der Wohnung. Und zwar so lange, bis der Hund entspannt ist. War er das eine Zeit lang, ziehen Sie die Jacke aus. Wiederholen Sie das mehrmals in der Woche – so lange, bis der Hund ganz relaxt bleibt, obwohl Sie die Jacke tragen. Als Nächstes öffnen Sie die Haustür und schließen sie wieder. Die Jacke behalten Sie an. Bleibt der Vierbeiner entspannt, gehen Sie kurz hinaus und gleich wieder hinein. Mit der Zeit bleiben Sie länger draußen – bis Sie schließlich das Haus verlassen können und der Hund entspannt bleibt. Übrigens hilft es zusätzlich, wenn Sie sich vor dem Verlassen des Hauses schon eine Weile nicht intensiv mit dem Vierbeiner beschäftigen.

DER VIERBEINIGE TÜRSTEHER

Du kommst hier nicht rein

WENN DER VIERBEINER bestimmen will, wer ins Haus darf und wer nicht, ist das ungünstig. Besteht die Gefahr, dass er zubeißt, sollten Sie sich unbedingt professionelle Hilfe holen.

Bestimmte Konstellationen können Territorialverhalten fördern. Liegt der Schlafplatz des Hundes im Eingangsbereich? Dann hat er diesen Bereich immer unter Kontrolle. Verlegen Sie sein Bett deshalb weit weg, in einen anderen Bereich der Wohnung. Der Vierbeiner liegt trotzdem am liebsten in der Nähe

NÜTZLICHES REZEPT 9

DIE HUNDEBOX ALS RÜCKZUGSORT

In vielen Situationen nützlich

Um dem Vierbeiner die Box schmackhaft zu machen, gibt es verschiedene Wege: Bieten Sie ihm die gemütlich gestaltete Box als einzigen Schlafplatz an. Ist der Hund müde, geht er vielleicht sogar gleich von selbst hinein. Hat er das einige Male gemacht, schließen Sie die Tür für einige Minuten. Öffnen Sie sie wieder, solange der Vierbeiner sich noch komplett entspannt darin verhält. Sie können es auch so machen: Legen Sie dem Vierbeiner ein Knabberteil in die Box. Er geht hinein, Sie bleiben neben der offenen Box sitzen. Möchte der Hund heraus, schieben Sie ihn wieder zurück, sobald er höchstens bis zur Brust an der Tür ist. Machen Sie das hintereinander so oft, bis er in der Box bleibt. Nun warten Sie eine Weile. Erst dann erlauben Sie ihm, die Box zu verlassen. Beim nächsten Mal machen Sie das genauso, schließen aber die Tür. Geht der Hund ohne Probleme in die Box, kombinieren Sie das Wort »Box« dazu und Sie können ihn bei Bedarf hineinschicken.

der Eingangstür? Dann verstellen Sie diesen Bereich mit Gegenständen. Oder stören Sie den Vierbeiner. Holen Sie den Schrubber und »putzen« Sie den Eingangsbereich so, dass der Hund weggehen muss. Beachten Sie ihn dabei nicht! Legt er sich an eine andere Stelle im verbotenen Bereich, »wischen« Sie sofort dort. Das wird dem Vierbeiner mit der Zeit lästig werden, und er wird sich einen anderen Platz suchen. Befindet sich Futter oder Lieblingsspielzeug im Eingangsbereich? Dann bewahren Sie diese Ressourcen woanders auf. Denn auch sie können »unfreundliches« Verhalten fördern, weil der Hund sie verteidigt.

Aber wie so oft liegt die Wurzel des Übels auch hier nicht selten am Verhalten von Herrchen oder Frauchen. Fehlt es dem Zweibeiner an Souveränität und dem Hund an Führung und Gehorsam, übernimmt er Aufgaben, die eigentlich Ihre Sache sind. Ein gespanntes »Na so was, wer kommt denn da« macht einem vierbeinigen Türsteher zusätzlich noch so richtig Appetit auf »Eindringlinge«. Also betont ruhig, aber sicher bleiben!

Am besten sorgen Sie über einen guten Gehorsam dafür, dass der Vierbeiner gar nicht erst in Versuchung kommt, Ihnen die Entscheidung darüber abzunehmen, wer ins Haus darf und wer nicht. Entweder lassen Sie den Hund weiter weg von der Tür sitzen oder liegen, bevor Sie diese öffnen, oder Sie legen ihn auf seinem Hundebett ab. Denken Sie dann aber bitte daran, die Übung wieder aufzulösen!

SILVESTERKNALLEREI

Wenn Bello zum zitternden Bündel wird

DEN JAHRESWECHSEL feiern wir an Silvester mit einem lauten Feuerwerk. Ist Bello schuss- und nervenfest, macht ihm die Knallerei nichts aus. Doch es gibt auch Hasenfüße, die sich an Silvester aus Angst vor Böllern und Krachern am liebsten verstecken möchten – Stress pur für den Vierbeiner. Doch wie kann man ihm helfen? Das hängt davon ab, wie stark die Angst ist. Auf jeden Fall sollten Sie einen ängstlichen Hund an Silvester nicht alleine zu Hause lassen. Sind Sie eingeladen oder gehen zum Essen, nehmen Sie ihn also am besten mit. Spätestens um Mitternacht, wenn die Geräuschkulisse ihren Höhepunkt erreicht, sollten Sie nicht mehr mit ihm ins Freie gehen. Dort ist es viel zu laut. Um drinnen die Knallerei noch etwas zu mildern, lassen Sie das Radio oder den Fernseher laufen. Denken Sie außerdem an Ihr eigenes Verhalten. Das ist ganz wichtig! Weder sollten Sie Ihren Vierbeiner bedauern noch verunsichert beobachten. Vermeiden Sie zudem jede Art von Hektik. Bleiben Sie bei ihm, geben Sie sich ruhig und entspannt.

Ist der Appetit Ihres Hundes größer als seine Angst, verlegen Sie seine abendliche Futterration auf den Beginn des Silvesterfeuerwerks.

Vielleicht hat Ihr Vierbeiner aber auch Lust auf sein Lieblingsspielzeug. Futter wie auch Spielzeug haben eine größere Wirkung, wenn der Hund großen Appetit hat beziehungsweise sein Lieblingsspielzeug schon ein paar Tage davor nicht mehr gesehen hat.

Da zum Jahreswechsel nicht erst um Mitternacht geballert wird, sondern auch schon vorher, gehen Sie mit einem ängstlichen Vierbeiner vorausschauend spazieren. Meiden Sie dicht besiedelte Wohngebiete oder fahren Sie ein Stück hinaus in dünn besiedelte Bereiche.

Manche Vierbeiner sind extrem empfindlich und weder durch Spielzeug noch Futter oder Radio zu beruhigen. In diesem Fall ist der Tierarzt der richtige Ansprechpartner. Ein wirksames Beruhigungsmittel nimmt Ihrem Vierbeiner die Angst und lässt ihn stressfrei ins nächste Jahr dösen.

Aber auch wenn Bello sich überhaupt nicht von der Knallerei beeindrucken lässt oder gar die zischenden Kracher fangen möchte, ist Vorsicht angesagt. Halten Sie ihn unbedingt weit genug entfernt, sonst droht Verletzungsgefahr.

WISSEN EXTRA
Das Revier ist nicht nur zu Hause

Hunde mit starkem Territorialinstinkt beschränken ihr Revier nicht unbedingt auf die eigenen vier Wände oder Gartenzäune. Auch andere Gebiete, die sie kennen oder in denen sie sich gerade aufhalten, können sie für sich beanspruchen. Das kann die Hundewiese, die im Urlaub gemietete Ferienwohnung, das Wohnzimmer von Bekannten oder auch der Bereich um den Tisch im Restaurant sein, an dem seine Zweibeiner sitzen. Berücksichtigen Sie das und verhalten Sie sich entsprechend umsichtig.

Behalten Sie Ihren Vierbeiner also immer in Ihrer Nähe und achten Sie auf einen guten Gehorsam. Wenn Sie ihn beispielsweise im Restaurant dabeihaben, legen Sie ihn so ab, dass weder andere Gäste noch Personal an ihm vorbeilaufen müssen.

BEI FREUNDEN

Sicher sitzen Sie mit Ihrem Vierbeiner nicht nur allein zu Hause im stillen Kämmerlein. Natürlich lernen sich dann auch Hund, Freunde und Bekannte kennen. Doch nicht jeder weiß, wie man richtig mit einem Hund umgeht. **Es liegt an Ihnen, Hund und Freunde so zu »managen«, dass die Bedürfnisse aller nicht zu kurz kommen.**

DER LEIBWÄCHTER

Komm meinem Herrchen nicht zu nahe

LÄSST IHR HUND KEINE MENSCHEN an Sie heran, die nicht zur Familie gehören? Auch wenn so mancher Hundehalter stolz auf seinen vierbeinigen Bodyguard ist, alltagskompatibel ist eine solche Mensch-Hund-Konstellation selten. Denn wenn Herrchen niemandem die Hand geben darf oder Freunde sich nicht neben ihn setzen dürfen, ohne dass Bello sich drohend aufbaut, ist der Freundeskreis vermutlich in kürzester Zeit recht übersichtlich.

Aber warum verhalten sich manche Hunde so? Einerseits hängt das mit den Anlagen der Hunde zusammen. So wird beispielsweise ein Hovawart oder Schäferhund mit rassetypischem Wach- und Schutzinstinkt eher dazu neigen, seinen Halter zu beschützen, als ein Golden Retriever, der sich auch über jeden Fremden so freut, als würde er ihn schon ewig kennen.

Doch, wie sollte es auch anders sein, muss sich bei diesem Problem wieder einmal der Mensch an die eigene Nase fassen. Es ist schlichtweg nicht die Aufgabe des Hundes, zu bestimmen, mit wem sein Zweibeiner Kontakt aufnimmt oder nicht. Tut Bello das aber, fehlt es dem Hund an Führung und Sicherheit. Daher übernimmt er die Kontrolle. Gehen Sie also in sich und stellen Sie den gesamten Umgang mit dem Hund auf den Prüfstand. Reglementieren Sie den Hund mehr und arbeiten Sie an Ihrer Autorität und Souveränität (→ Souveräner Umgang, Seite 16).

Wo im Alltag richten Sie sich nach dem Hund anstatt umgekehrt? Wie steht es mit Ihrer Konsequenz? Steht Ihr Hund stets im Mittelpunkt? Dass eine weitere wichtige Voraussetzung bei einem Hund mit Schutzinstinkt ein gut funktionierender Gehorsam ist, versteht sich von selbst. Dann könnten Sie den Hund beispielsweise neben sich ablegen, wenn Besucher kommen oder Sie unterwegs jemanden treffen, oder ihm mit einem Verbotswort untersagen, den Türsteher zu spielen.

Aber es gibt auch die Fälle, in denen Herrchen wahnsinnig stolz ist, dass Bello keine Memme ist und den allzeit verteidigungsbereiten Leibwächter heraushängen lässt. Auch das merkt der Hund. Vielleicht wird er auch noch direkt gelobt. Dann muss man sich nicht wundern, wenn Bello seine Aufgabe sehr genau nimmt. Bis die Schieflage in Ihrem Mensch-Hund-Team korrigiert ist, sollten Sie dafür sorgen, dass der Hund bei Kontakt mit Bekannten keine Gelegenheit bekommt, Sie zu »beschützen«.

Zu Hause bringen Sie ihn beispielsweise auf seinen Platz und machen ihn dort gegebenenfalls mit der Leine fest. Oder Sie bringen ihn in die Hundebox, solange Besuch da ist (→ Seite 57). Sperren Sie ihn aber möglichst nicht oder nur ausnahmsweise mal in einen anderen Raum komplett weg. Das kann sein

Verhältnis zu Besuchern verschlimmern. Zusätzlich – auch unterwegs – achten Sie darauf, dass Bekannte sich neutral verhalten und zunächst Gesten, die den Bodyguard auf den Plan rufen, vermeiden. Lassen Sie den Hund etwas hinter sich sitzen oder legen Sie ihn ab. Stehen die Zeichen auf Angriff, ist die Verwendung eines Maulkorbs ratsam. Das Wegsperren des Hundes ist in diesem Fall nur vorübergehend eine Option. Um das Problem in den Griff zu bekommen, holen Sie sich am besten so schnell wie möglich professionelle Hilfe.

BITTE NICHT FÜTTERN

Der größte Bettler vor dem Herrn

»DARF ICH DEINEM HUND etwas geben?« – »Na gut, etwas Kleines«, und schwups ist der Happen weg. Oder man antwortet: »Nein, geben Sie ihm bitte nichts.« Und als Antwort kommt bei gleichzeitigem Griff in die Jackentasche: »Ach, nur ganz wenig.« Oft wird der Hund gar gefüttert, ohne zu fragen. Wenn das ein paar Mal und durch verschiedene Menschen passiert, ist im Nu ein Bettler »trainiert«, der jedem in der Bekanntschaft sabberfädenziehend an

der Jackentasche hängt. Besonders gern füttern Kinder Hunde, und manche Vierbeiner schnappen sich den Happen einfach (→ Nützliches Rezept, Seite 64). Begeisterung macht sich da nicht überall breit. Zudem kann es leicht passieren, dass der Vierbeiner dadurch auch solche Häppchen bekommt, die ihm eher schaden.

Wenn Sie also möchten, dass Ihr Hund keine Leckereien von Fremden bekommen soll, dann hilft nichts anderes, als eisern beim »Bitte nicht füttern« zu bleiben. Aber Theorie und Praxis sind oft zwei Paar Stiefel. Da ist vielleicht die Oma, die einfach nicht anders kann, als dem verhungert dreinblickenden Vierbeiner etwas zuzustecken. Diese Klippe lässt sich umschiffen, wenn Sie der Oma die Happen geben, die für den Hund geeignet sind, und der Hund sich diese verdienen muss, indem er vorher eine kleine Übung ausführt – zum Beispiel »Sitz«. Wenn es nur die Oma ist, die ihn verwöhnt, dann wird der Vierbeiner sich auf sie »einschießen« und nicht jeden Ihrer Freunde und Bekannten belagert.

Mit einem halben Jahr machte Enya bei Oma Urlaub. Ihre Besitzerin instruierte die Oma, Enya nicht vom Tisch und von keinem Fremden füttern zu lassen (was Oma mit ihren Hunden immer gemacht hatte). Oma beteuerte, dass sie das mit einem Hund, der nicht ihrer ist, natürlich nie machen würde. 14 Tage später war der Urlaub vorbei, Enya zog, etwas runder als vorher, wieder in ihr Zuhause. Was war das? Jetzt saß sie neuerdings in eindeutiger Absicht und sabbernd neben dem Tisch, wenn die Familie aß. Beim Spaziergang hing sie Leuten, die auch Oma kannten, seltsamerweise gezielt an der Jackentasche. Da hatte es die Oma wohl doch nicht so genau mit den Anweisungen genommen!

NÜTZLICHES REZEPT 10

VIERBEINER MIT STIL
Leckerchen vorsichtig nehmen

Vor allem Kinder lieben es, dem Hund etwas zum Futtern zu geben. Wenn Sie das erlauben, sollte der Vierbeiner sich den Happen nicht gierig schnappen, sondern ihn vorsichtig nehmen. Damit ein eher grobmotorischer Hund das lernt, bieten Sie ein Leckerchen an, lassen es aber sofort in der Hand verschwinden. Nehmen Sie jedoch die Hand dabei nicht weg, auch wenn der Hund viel zu stürmisch ist, denn das fördert gieriges Verhalten. Oft ist der Vierbeiner beim nächsten Versuch schon vorsichtiger. Dann sagen Sie beispielsweise »vorsichtig«, während er das Leckerchen sanft nimmt.

ZU BESUCH BEI FREUNDEN

Gutes Benehmen gefragt

WANN IMMER MÖGLICH, begleitet uns das vierbeinige Familienmitglied. So auch zu Freunden und Verwandten. Manche davon haben vielleicht selbst einen Hund, manche nicht. Unterschiedliche Menschen reagieren unterschiedlich auf fremde Hunde im Haus. Das sollte man berücksichtigen. Die meisten Hunde benehmen sich auch auswärts »unauffällig«. Doch auf manche Vierbeiner passt durchaus das Sprichwort: »Fühle dich wie zu Hause, aber führe dich bitte nicht so auf.« Wobei bei derartigen »Problemen« auch das andere Ende der Leine seinen Anteil hat. Schnell tritt man dann in das eine oder andere Fettnäpfchen. Aber mit etwas Umsicht lässt sich das gut vermeiden.

Behält man Bello beim Besuch bei Freunden genauso im Blick wie auf dem Spaziergang, kann eigentlich nichts schiefgehen. Gerade wenn der Vierbeiner besonders neugierig und erkundungsfreudig ist, ist das ratsam. Dann bewährt es sich, wenn Bello gelernt hat, entspannt bei Frauchen bzw. Herrchen liegen zu bleiben. Nicht jeder – ob nun selbst Besitzer eines Vierbeiners oder nicht – mag es, wenn der vierbeinige Besuch an der Stehlampe das Bein hebt, beim Bad im sorgsam gehüteten Gartenteich die Frösche plättet, eine Schneise durch die liebevoll bepflanzten Beete schlägt oder sich im Fellwechsel genüsslich auf dem weißen Berberteppich wälzt. Auch so manche Gewohnheiten, die Bello zu Hause pflegt, können im Bekanntenkreis auf wenig Gegenliebe stoßen. Etwa wenn Bello auf Stuhl oder Sofa springt und beim Essen die Schnauze auf dem Tisch hat.

Luca ist mit seinen Zweibeinern einen Tag zu Besuch in einem hundefreundlichen, aber hundelosen Haushalt. Frauchen mag ihren Liebling nicht gern reglementieren. Er soll seine Freiheiten haben, und so ist Luca kreuz und quer im fremden Haus unterwegs. Nachmittags möchte die Gastgeberin die Torte zum Kaffee aus dem kühlen Gästezimmer holen. Doch oh Schreck – von der ist nur noch ein Rest »Matsche« übrig.

BEGEISTERUNG BREMSEN

Yippie – Besuch für mich

VIELE HUNDE FREUEN SICH TIERISCH über Besuch. Überschwänglich wird der Ankömmling mit Volldampf angesprungen und abgeleckt, nachdem man sich an seinem Zweibeiner vorbei ganz wichtig als Erster durch die Tür gequetscht hat. Bei einem kleinen Vierbeiner kann das noch nett sein. Bei großen, kräftigen Hunden hat ein Besucher unter Umständen Mühe, den Liebesbezeugungen des vierbeinigen Begrüßungskomitees standzuhalten. Wer es sich mit Freunden und Verwandten nicht verderben möchte, tut daher gut daran, etwas zu ändern.

Ähnlich wie schon beim wachsamen Hund (→ Seite 62) sollten Sie darauf achten, den Vierbeiner nicht durch eigenes »Entzücken« hochzufahren. Wenn Sie schon kurz bevor der Besuch da ist den Hund mit freudig-spannender Stimme wie »Jetzt kommt dann gleich die Oma, und dann bekommst du etwas ganz Leckeres« in Erregung versetzen und womöglich wiederholt zur Tür hinausschauen, ob Oma denn jetzt endlich im Anmarsch ist, sensibilisieren Sie ihn dafür, dass jemand kommt und das etwas ganz Tolles ist. Das fördert seinen Begrüßungswahn erheblich.

Also relaxed bleiben sowie ruhig und stumm zur Tür gehen. Das kann, je nach Intensität des Verhaltens, schon helfen. Ganz wesentlich ist auch, dass der Vierbeiner keine positive Rückmeldung von den Besuchern bekommt. Erklären Sie diesen vorher, dass sie ihn ignorieren sollen. Also den Vierbeiner nicht ansprechen, nicht anschauen und auch keine Bewegung in seine Richtung machen. Gut ist es außerdem, wenn die Ankunft der Besucher insgesamt relativ ruhig verläuft.

Braucht es mehr Maßnahmen und sitzt der Grundgehorsam, lassen Sie den Hund im Eingangsbereich und angeleint an Ihrer Seite sitzen oder liegen, während ein Familienmitglied Ihren Besuch hereinlässt. Ist der erst mal einige Minuten im Haus, hat sich so mancher Hund schon wieder beruhigt, und Sie können ihn freigeben. Auch hier wieder mit betont ruhiger, entspannter Stimme und ebensolcher Körpersprache. Doch Bello sollte nun nicht sofort überschwängliche Zuwendung von den Besuchern bekommen, allenfalls eine ruhige Aufmerksamkeit, sonst besteht »Rückfallgefahr«! Falls es mit dem Gehorsam noch hapert, machen Sie den Hund ein Stück von der Eingangstür entfernt mit der Leine irgendwo fest, oder bringen Sie ihn in seine Box (falls sie in der Nähe der Tür steht), und zwar bevor Sie die Tür öffnen. Anschließend

bleiben alle entweder in Abstand zum Hund stehen, oder gehen Sie – ohne Blickkontakt – zusammen am Vierbeiner vorbei (nicht auf ihn zu). Erst wenn er sich ein paar Minuten ruhig verhalten hat, holen Sie ihn. Ob Sie ihn dann einfach laufen lassen oder bei sich ablegen, hängt vom Hund und der Situation ab.

ANSPRINGEN ABGEWÖHNEN

Ich hab dich zum Anspringen gern

MORGENS FREUT MAN SICH SCHON auf seinen Hund. Raus aus dem Bett! Der Hund ist aus dem Häuschen, springt ausgelassen an seinem Menschen hoch, Herrchen herzt ihn begeistert. Auf der morgendlichen Runde geht die Nachbarin im Büroutfit aus dem Haus – ab die Post, sie muss natürlich auch begrüßt werden! Das bekommt dem Kostüm schlecht, und Herrchen treibt Bellos Verhalten die Scham- und Zornesröte ins Gesicht. Unmöglicher Hund?

Nein. Denn sein Mensch hat dieses Verhalten meist systematisch, unbewusst und schon vom Welpenalter an gefördert. Einem knuffigen Hundekind kann man ja auch kaum widerstehen. Der Hund wird geherzt, und vielleicht

gibt es sogar ein Häppchen. Eine super Belohnung fürs Anspringen. Möchten Sie das ändern, heißt es umdenken.

Der Hund darf damit keinen Erfolg mehr haben. Für unterwegs oder wenn Besuch kommt, bedeutet das, den Hund rechtzeitig an die Leine zu nehmen, damit der Vierbeiner gar keine Möglichkeit hat, sich danebenzubenehmen.

Nehmen Sie Ihre Stimme und Körpersprache genau unter die Lupe. Je aufgekratzter Sie sich verhalten, umso mehr fährt nämlich auch der Hund hoch! Begrüßen Sie ihn daher bewusst ruhig und nur kurz. Dann wird auch er ruhiger. Setzt er aber zum Sprung an, drehen Sie sich sofort wortlos und mit verschränkten Armen um 180 Grad um. Springt er Sie nun wieder an, einfach wieder umdrehen wie gehabt. Springt er Sie von hinten an, bleiben Sie stehen.

Warten Sie, bis Ihr Hund sich ruhig verhält. Erst dann wenden Sie sich ihm vollkommen ruhig zu oder gehen schließlich Ihrer Wege.

Bekommt der Hund dauerhaft keine Aufmerksamkeit mehr für das Anspringen, wird er es allmählich einstellen. Je nach Hundetyp kann das länger oder kürzer dauern. Unbedingt konsequent durchhalten heißt die Devise!

Eine andere Möglichkeit besteht darin, den Hund wegzuschubsen, wenn er schon im Anspringen und mit den Vorderbeinen in der Luft ist. Oder beherrscht der Vierbeiner das Sitzen perfekt? Dann geben Sie ihm das Kommando »Sitz«, wenn er zum Springen ansetzt – also nicht erst dann, wenn er schon im Sprung ist! Wichtig: Alle Familienmitglieder müssen an einem Strang ziehen!

LIEBESBEWEISE ZÜGELN

Ich hab dich zum Abschlabbern gern

HUNDE ZEIGEN DURCH ABLECKEN ihre Zuneigung, sowohl von Hund zu Hund als auch von Hund zu Mensch. Gegen gelegentliche Liebesbeweise solcher Art ist nichts einzuwenden. Aber manche Vierbeiner hängen ständig mit der Zunge an ihrem Zweibeiner.

Übermäßiges Abschlabbern kann verschiedene Ursachen haben. Oft bringt man es dem Hund unbewusst selbst bei, indem er dafür stets Zuwendung bekommt. Sehr unterwürfige oder unsichere Vierbeiner tun es, um zu beschwichtigen. Bei anderen ist es eher eine Form der Distanzlosigkeit. Wer das Abschlabbern seinem Hund selbst beigebracht hat, kann es ihm wieder abgewöhnen, indem es keine Zuwendung mehr gibt. Er wird also einfach ignoriert. Hilft das nicht genügend, stehen Sie auf und gehen weg. Auch ein bereits bekanntes Verbotswort kann helfen.

Bei unterwürfigen oder unsicheren Vierbeinern sollten Sie Ihr Verhalten überprüfen. Üben Sie eventuell zu viel Druck auf Ihren Hund aus? Überfordern Sie ihn vielleicht oft? Geben Sie ihm möglicherweise zu wenig Sicherheit? Beginnt er mit dem Lecken, lassen Sie ihn alternativ etwa ein »Sitz« ausführen und loben ihn dann.

Einen distanzlosen schlabbernden Vierbeiner schieben Sie jedes Mal weg, sobald er zur Leckattacke ansetzt. Auch hier hilft ein Verbotswort.

FREMDE KINDER UND HUND

Beide immer im Auge behalten

HUNDE SIND FÜR KINDER HÄUFIG ein besonderer Magnet. Ist Ihr Vierbeiner ein Kindernarr? Dann liebt er es sicher, wenn sich Kinder mit ihm beschäftigen. Trotzdem sollten Sie ihn und die lieben Kleinen dabei beobachten. Denn selbst dem größten Kindernarr können die Liebesbeweise irgendwann zu viel werden, und er will seine Ruhe. Wirkt der Hund genervt und gestresst, leckt sich das Maul oder weicht den Kindern aus? Versucht er, sich den Kindern zu entziehen? Dann ist es höchste Zeit, ihn zu »retten«. Auch wenn sich die Jüngsten und der Vierbeiner im Spiel miteinander zu sehr »hochpushen«, ist es Zeit, die Bremse zu ziehen. Zu Hause hilft dabei die Hundebox oder das Hundebett als Rückzugsbereich (→ Seite 57). Beides ist für die Kinder absolut tabu. Sind Sie mit Ihrem Hund zu Besuch, holen Sie ihn zu sich. Erklären Sie den Kindern, dass sie ihn nun in Ruhe lassen müssen.

NÜTZLICHES REZEPT 11

GEDULD NICHT ÜBERSTRAPAZIEREN

Auf die Bedürfnisse des Hundes achten

Fällt der Vierbeiner nur positiv auf, ist man im Freundes- und Bekanntenkreis gern gesehen. Gelassenheit und ein guter Gehorsam gehören dazu. Natürlich dürfen auch die Bedürfnisse des Hundes nicht zu kurz kommen. So wäre es zum Beispiel zu viel verlangt, dass er sich bei Freunden längere Zeit ruhig verhält, wenn er schon seit Stunden keinen Auslauf mehr hatte und vor Energie regelrecht platzt. Beschäftigen Sie ihn also vorher ausreichend. Gehen Sie auch zwischendurch einmal mit ihm spazieren oder spielen Sie im Garten mit ihm. Ein Kauknochen sorgt ebenfalls für Abwechslung.

Hat Bello von seiner Art her oder weil er Kinder nicht kennt, keinen Draht zu ihnen, sollte er auf keinen Fall zu Kontakten gezwungen werden. Auch dann nicht, wenn er einer bekanntermaßen »kinderlieben« Rasse angehört. Hunde sind Individuen.

Wenn Kinder Ihren Hund spazieren führen wollen, gehen Sie am besten mit. Entscheiden Sie nach Gehorsam und Kraft Ihres Hundes und der des Kindes, inwieweit ein Kind den Vierbeiner ein Stück führen kann.

Aber es kann auch sein, dass zum Beispiel Freunde Ihrer Kinder zu Besuch kommen, die eher Angst vor dem Vierbeiner haben. Ein »Der tut nix« nützt wenig, wenn das Kind Bellos Zunge im Gesicht oder seine Pfoten auf den Schultern hat. Guter Gehorsam ist gefragt, sodass der Hund auf seinem Platz oder bei Ihnen liegen bleibt. Oft verlieren vorsichtige Kinder allmählich ihre Scheu oder freunden sich gar mit dem Hund an, wenn sie merken, dass Bello sie nicht bedrängt und ein ganz Netter ist.

DER ANGSTHASE

Fremde Menschen mag ich nicht

NICHT JEDER VIERBEINER ist von fremden Menschen begeistert. Manche sind desinteressiert und beachten »rudelfremde« Zweibeiner nicht. Sie lassen sich zwar anfassen, reagieren dabei aber gleichgültig. Andere sind zurückhaltend und möchten keinerlei Kontakt zu Fremden. Sie weichen aus. Kontaktaufnahmen sind ihnen lästig bis unangenehm. Und es gibt echte Angsthasen, die am liebsten flüchten möchten, wenn sich ihnen eine fremde Person nähert. Woran liegt das?

Zum einen sind es angeborene Eigenschaften. Desinteresse oder Zurückhaltung können – je nach Rasse – erwünscht sein. Aber es gibt auch unabhängig davon eine große Bandbreite unterschiedlich ausgeprägter Vorbehalte gegen Fremde. Auch eine fehlende Sozialisierung etwa bei verwildert aufgewachsenen Hunden oder schlechte Erfahrungen mit Menschen sind mögliche Gründe. Erstes Gebot bei Hunden, die Angst haben oder keinen Kontakt möchten, ist, ihnen diesen nicht aufzuzwingen! »Kontakt« ist – je nach Ausprägung der Furcht – ein weiter Begriff. Da kann bei so manchem Angsthasen schon ein Blickkontakt zu viel sein. Wer einen solchen Vierbeiner hat, sollte seinen Mitmenschen das erklären und sie bitten, den Hund komplett zu ignorieren. Also ihn nicht anschauen, nicht auf ihn zugehen, nicht frontal vor ihm stehen bleiben und ihn auch nicht ansprechen. Bei nicht wenigen Angsthasen siegt irgendwann die Neugierde, wenn sie sich nicht in die Enge getrieben fühlen. Sie nehmen von sich aus Kontakt auf. Auch dann ist es wichtig, selbst noch zurückhaltend zu bleiben, damit das wenige Vertrauen nicht gleich wieder zerstört wird. Ist der Reiz eines Leckerchens gerade noch etwas größer als die Furcht? Dann wird es dem Hund – ohne Blickkontakt und mit leicht seitlicher statt frontaler Körperhaltung – auf der flachen Hand angeboten.

Bella kam über eine Tierschutzorganisation zu ihrer neuen Besitzerin. Bella hat vor allem Angst – besonders panisch reagiert sie auf Menschen. Die Besitzerin kann sich das nicht erklären, denn sie hat doch den Rat der Tierschutzorganisation befolgt: Der Hund muss sich ans Streicheln gewöhnen. Deshalb die Hündin festhalten und von Fremden »zwangsstreicheln« lassen. Kein Wunder, dass die arme Bella immer panischer wurde. Allerdings grenzt es fast an ein Wunder, dass sie trotz ihrer großen Angst ihr Heil nicht nach dem Motto »Angriff ist die beste Verteidigung« sucht ...

WISSEN EXTRA
Das ist unangenehm für den Hund

Auch Vierbeiner, die nicht ängstlich sind, können auf bestimmte menschliche Verhaltensweisen sensibel reagieren. Die meisten Hunde mögen es beispielsweise nicht sonderlich, wenn eine fremde Person schnell, forsch oder überschwänglich auf sie zugeht. Auch einfach geknuddelt oder von hinten angefasst werden wollen die meisten Vierbeiner nicht so gern. Beugt man sich über den Hund oder tätschelt ihm den Kopf, ist das vielen Vierbeinern ebenfalls unangenehm. Das sieht man dem Hund oft regelrecht an. Begeben Sie sich einmal auf die Ebene des Hundes. Dann können Sie vielleicht nachempfinden, wie er diese »Liebesbeweise« sieht und erlebt, und ihm sein Unbehagen nachfühlen. Vor allem für (fremde) Kinder gilt deshalb auch: Der Hund ist tabu, wenn er unter dem Tisch oder auf seinem Platz liegt.

BEIM SPIELEN

Wer einen Hund hat oder möchte, schätzt ihn auch deshalb, weil man mit ihm nach Herzenslust spielen und toben kann. Das macht Zwei- und Vierbeinern eine Menge Spaß! Doch auch hier gibt es einiges zu wissen und zu berücksichtigen, damit das Spiel nicht aus dem Ruder läuft. **Spielen ist für den Hund vor allem auch Lernen. Durch das eigene Verhalten kann man hier problemlos vieles in die richtige Richtung lenken.**

WILDES SPIEL EINBREMSEN

Der Piranha im Hundepelz

SPIELEN MIT DEM HUND stärkt die Bindung. Doch Spielen bedeutet für den jungen Hund auch Lernen. Sie müssen ihm zeigen, was erlaubt ist und was nicht. Nehmen wir folgendes Beispiel: Der Hund nimmt Ihre Hand ins Maul. Das ist durchaus erlaubt, jedoch sollten nicht mehr als leichte Druckstellen auf Ihrer Haut zu sehen sein. Daran halten sich viele Welpen und Junghunde auch. Doch oft setzt Klein Bello seine Zähnchen zu fest ein. Was tun?

Wie ein Hund spielt, ist zum einen abhängig vom Typ, zum anderen hängt es aber auch mit dem Verhalten des menschlichen Spielpartners zusammen. Wenn Sie sich selbst zu sehr in das Spiel hineinsteigern, stecken Sie den Hund mit an. Das gilt vor allem auch für Kinder! Eine Änderung des Spielstils kann deshalb das Problem schon lösen.

Zwickt der übermütige Welpe zu fest oder zerrt er an der Kleidung, kann es bei manchen Vierbeinern reichen, das Spiel sofort zu beenden. Bei einem wilderen Hundekind erstarren Sie abrupt in der Bewegung und »knurren« oder räuspern sich knurrig. Lässt der Welpe daraufhin das Zwicken sein und leckt Ihnen vielleicht sogar die Hand, war Ihre Zurechtweisung richtig. Loben Sie den Kleinen ganz ruhig und fordern Sie ihn dann gemäßigt wieder zum Spielen auf. Ist er jetzt vorsichtiger? Dann spielen Sie noch eine Weile mit ihm und beenden dann das Spiel.

Ist er sofort wieder zu wild? Nun kommt es darauf an, was Sie am besten umsetzen können. Entweder werden Sie jetzt deutlicher, schubsen den Welpen souverän und wieder unter Knurren weg und beenden das Spiel. Eine Alternative wäre eine Auszeit. Dazu bringen Sie den Welpen kommentarlos in seine Box und beachten ihn einige Minuten lang nicht mehr (→ Hundebox, Seite 57).

Übersieht man die Anfänge oder reagiert zu wenig souverän, kann sich die Wildheit des Hundekindes weiter steigern, und der Welpe nimmt zum Beispiel Kurs auf Ihre Frisur oder gar Ihre Nase. Jetzt ist es höchste Zeit, ihn einzubremsen! Schieben Sie ihn mit knurrigem Räuspern oder Ähnlichem beherzt weg, wenn er zum Sprung ansetzt. Kinder können das meist nicht selbst regeln. Hier muss der Erwachsene eingreifen.

NUR UNTER AUFSICHT

Abenteuerspielplatz Garten

VIELE HUNDE, vor allem solche gesetzteren Alters oder mit ruhigem Temperament genießen es, im Garten in der Sonne zu »chillen« oder einfach nur umherzuschauen. So mancher Hundehalter meint, er könne sich den einen oder anderen Spaziergang sparen, weil der Hund ja raus in den Garten kann. Jüngeren oder recht aktiven Vierbeinern steht der Sinn jedoch oft mehr danach, sich auszupowern.

Wie groß der Garten auch ist, nach einer gewissen Zeit kennt der Vierbeiner dort jeden Grashalm. Dann wird es langweilig. Aber die Energie muss raus. Was könnte Hund also tun? Zum Beispiel buddeln, im Gartenteich baden oder die Goldfische herausfangen. Auch nicht zu verachten: Passanten durch Bellen oder Rennen entlang des Gartenzauns zu erschrecken.

Sie sehen schon: Ein Garten ersetzt nicht die Beschäftigung mit dem Hund. Außer es ist Ihnen gleich, was der Hund in und aus Ihrem Garten macht. Aber auch dann fehlt das gemeinsame Tun und Erleben. Zudem gewöhnt sich Ihr Vierbeiner vielleicht Verhaltensweisen an, die Ihnen nicht wirklich gefallen. »Parken« Sie Ihren Vierbeiner deshalb nur hin und wieder mal im Garten. Dagegen ist nichts einzuwenden.

Denken Sie auch daran, dass es nicht nur Hundefreunde gibt. Ist Ihr Hund häufig und länger allein im Garten, könnte es auch passieren, dass ihn jemand durch den Zaun ärgert oder ihn mit zweifelhaften Dingen füttert. Außerdem können im Garten Verletzungsgefahren lauern, deren man sich gar nicht bewusst ist. Muss der Vierbeiner allein zu Hause bleiben, gehört er zu seiner Sicherheit auf jeden Fall ins Haus.

Terrier Jacky darf im Garten schalten und walten, wie er mag. Ausgiebiges Buddeln und die Beschäftigung etwa mit dem Gartenschlauch lassen keine Langeweile aufkommen. Frauchen erlebt allerdings Überraschungen – beim Schlauch kommt das Wasser aus allen möglichen Löchern, und ein falscher Schritt im Garten endet beinahe mit einem komplizierten Knöchelbruch!

DAS SPIEL BESTIMMEN

Spiel mit mir – aber flott

GERADE HAT ES SICH HERRCHEN mit einem Buch auf dem Sofa gemütlich gemacht. Da kommt Bello mit seinem Ball und legt ihn mit erwartungsvollem Blick zu Herrchen aufs Sofa. Herrchen mag jetzt nicht spielen, doch Bello stupst ihn und auch den Ball immer wieder an. Herrchen kann sich noch immer nicht aufraffen. Bello hilft nach und beginnt, ihn bellend aufzufordern. Okay, denkt Herrchen, dann spiele ich eben. Er steht auf und lässt Bello einige Male den Ball holen. So lange, bis Bello den Ball nicht mehr bringen mag, ihn liegen lässt und weggeht. Endlich kann Herrchen weiterlesen! Aber nur so lange, bis Bello das nächste Mal spielen möchte …

»Wo ist das Problem?«, denken Sie nun vielleicht. Dieser Vierbeiner hat gelernt, dass er seinen Menschen motivieren (oder besser manipulieren) kann. Reicht eine dezente Forderung nicht, wirkt etwas Nachdruck – auch das hat Bello gelernt. Und er beendet das Spiel auch wieder, indem er den Ball einfach liegen lässt. Das Gelernte überträgt der Hund oft auch auf andere Situationen und erwartet, dass sein Mensch sich nach ihm richtet (→ Chef sein – Chef bleiben, Seite 19).

Richtig wäre, nicht immer darauf einzugehen, wenn der Hund spielen möchte, sondern ihn auch mal zu ignorieren oder wegzuschicken. Andererseits sollten Sie Ihren Hund aber zum Spiel auffordern, wenn Sie Lust dazu haben. Und Sie beenden das Spiel auch, bevor der Hund keine Lust mehr hat.

Wenn Sie hin und wieder auf seine Spielaufforderung eingehen möchten, dann bereits bei normaler Aufforderung und nicht erst, wenn Ihr Hund seine Bemühungen schon verschärft hat.

Rico ist ein großer, selbstbewusster Hund, der von seinem Besitzer sehr geliebt wird. Sogar wenn der gerade beim Essen sitzt und Rico genau dann spielen möchte, unterbricht er seine Mahlzeit. Auch in anderen Situationen richtet er sich gern nach seinem Hund. Frust macht sich aber breit, wenn Rico seinem Herrchen gehorchen soll und es den Vierbeiner nicht die Bohne interessiert, was sein Zweibeiner sagt. Die Frau des Mannes dagegen betüddelt Rico nicht, sondern geht souverän mit ihm um. Und siehe da, ihr gehorcht er bereitwillig und orientiert

sich gern an ihr – eine weitere Frustquelle für Ricos Herrchen, denn Rico ist eigentlich sein Hund. Doch der Vierbeiner sieht in Herrchen nur den Kumpel und »Animationsautomaten«!

ABGEBEN EINFORDERN

Mein Spielzeug bekommst du nicht

FRAUCHEN WILL BELLO DEN BALL abnehmen, um diesen wieder zu werfen. Doch hoppla, was ist das? Bello knurrt plötzlich und will den Ball nicht hergeben! Warum macht er das?

In aller Regel ist es – ähnlich wie bei der Futterverteidigung – eine Kombination aus einem starken Beuteinstinkt und einer Schieflage der Mensch-Hund-Beziehung. Denn Spielzeug ist für ihn Beute. Bevor ein Hund in einer solchen Situation knurrt oder gar schnappt, hat es einige andere Dinge gegeben, an denen man hätte erkennen können, dass etwas schiefläuft. Vielleicht hat Bello den Ball vorher schon nicht so gern abgegeben, und Frauchen hat ihm den Ball überlassen – 1:0 für Bello. Oder darf der Vierbeiner bei Zerrspielen stets der Sie-

ger sein und die Beute haben? Das ist ebenfalls ungünstig. Vielleicht forderte er von Frauchen nachdrücklich und stets mit Erfolg etwas. Legt sich zum Beispiel auf die Couch, obwohl er eigentlich nicht darf. Lässt Frauchen links liegen, wenn sie etwas von ihm möchte (und sie belässt es dann dabei).

Ursachen sind also meist die »üblichen Verdächtigen«: fehlende Führung und Reglementierung, Inkonsequenz, unbewusstes Bestätigen unerwünschten Verhaltens usw. Es heißt also wieder einmal, den Umgang mit dem Vierbeiner genau zu hinterfragen und entsprechend zu verändern.

Hat Ihr Hund überhaupt schon gelernt, etwas abzugeben? Wenn nicht, üben Sie das vorerst mit Dingen, die ihm weniger wichtig sind. Vielleicht gibt es einen Gegenstand, den er zwar gern trägt oder mit dem er sich gern beschäftigt, den er aber nicht ansatzweise für sich beansprucht. Üben Sie dann das Tauschen, indem Sie dem Hund ein Leckerchen vor die Nase halten. Aber das ist noch nicht alles. Räumen Sie außerdem zunächst das »Problemspielzeug« weg, um in der Übungsphase Konflikte und unerwünschte Erfolgserlebnisse des Vierbeiners zu vermeiden. Haben Sie den Umgang mit dem Vierbeiner verbessert und gibt er unwichtige Dinge auch ohne Tauschen problemlos ab, mischen Sie bei den Abgabe-Übungen das »Problemspielzeug« hin und wieder darunter. Stimmliches Lob und ab und zu einen Happen für stressfreies Abgeben versüßen Bello das Ganze. Denken Sie bitte daran, immer ruhig und souverän zu bleiben. Und üben Sie nicht dauernd.

Nützlich ist es außerdem, mit dem Hund zuverlässiges Sitzen und Ablegen zu üben. Kann er das, lassen Sie ihn eine dieser Übungen ausführen, wenn das »Problemspielzeug« auf dem Boden liegt und bevor er beginnt, es zu verteidigen. Sitzen die beiden Übungen wirklich, können Sie so das Spielzeug nehmen. Belohnen nicht vergessen!

Grundsätzlich ist es gut, wenn Bello nicht dauernd nach Spielzeug springt, das Sie in der Hand haben. Lassen Sie ihn auch dann sitzen oder zeigen Sie ihm durch ein Räuspern oder ein »Gscht«, dass er Abstand halten soll.

Holen Sie sich unbedingt professionelle Hilfe, wenn Sie sich unsicher fühlen oder das Verteidigungsverhalten sehr stark ausgeprägt ist, sodass der Hund womöglich nach Ihnen schnappt!

WISSEN EXTRA
Wozu dient Spielen?

Die meisten höher entwickelten Tiere spielen. Besonders solche, die in sozialen Verbänden leben. **Spielen hat wichtige Funktionen.** Zum einen üben Welpen im Umgang miteinander die unterschiedlichen Verhaltensweisen ein. Da wird zum Beispiel Beutefangverhalten trainiert, die Beißhemmung gelernt, aber auch spielerisch gedroht und gerauft. Die Geschwister werden »überfallen«, und auch **Rennspiele sind sehr beliebt.** Nicht zu vergessen ist die sportliche Seite. Durch die unterschiedlichen Bewegungsabläufe werden Muskeln, Gelenke und Organe, also der ganze **Organismus trainiert.** Das macht die Youngster fit für später. Deshalb ist es wichtiger, mit dem Welpen zu spielen, anstatt mit ihm schon längere Spaziergänge zu machen. Einseitige Bewegungsabläufe sind nämlich ungesund für ihn. (→ Seite 114).

BÄLLCHEN WERFEN

Hemmungslose Jagdleidenschaft

DER BALL HAT FRAUCHENS HAND noch nicht ganz verlassen, da ist Bello schon mit Highspeed unterwegs, um ihn zu »erbeuten«. Was für ein Spaß, wenn der Vierbeiner über die Wiese jagt! Doch das Bällchenwerfen hat zwei Seiten. Jedes Spielzeug – so auch der Ball – ist für den Hund Beute, die er jagt. Exzessives Ballwerfen, bei dem der Vierbeiner sofort dem Ball hinterherstarten und damit hemmungslos seinem Jagdinstinkt frönen darf, ist daher von zweifelhaftem Nutzen. Ganz besonders dann, wenn es wirklich nur ums Nachjagen geht, der Hund also dem Ball nur hinterherrennt, ohne ihn zurückkommt und darauf wartet, dass der nächste Ball fliegt. Auch wenn der Hund dadurch viel Bewegung und Beschäftigung bekommt – die Jagdlust kann sich auch auf andere, sich schnell bewegende Tiere, auf fliegende Spielzeuge anderer Hunde oder auch auf Jogger oder Radfahrer übertragen. Das ist nicht erstrebenswert.

Es gibt aber auch echte Balljunkies, die auf ihren Ball fixiert (und nicht auf ihren Menschen!) und völlig »gaga« sind, sobald sie ihn sehen. Sie stehen beim Ballspiel unter hohem Stress. Zuviel davon ist nicht gesund.

Bringt Bello den Ball zu Frauchen zurück, ist alles wenigstens ein gemeinsames Spiel, das nicht nur Jagen beinhaltet. Aber warum das Spiel nicht etwas anspruchsvoller gestalten? Sodass es zusätzlich Gehirnjogging für den Hund und zudem für den Alltag nützlich ist. Kombinieren Sie zum Bällchenwerfen einfach ein paar Gehorsamsübungen.

Lassen Sie den Hund beispielsweise angeleint neben sich sitzen und werfen Sie dann den Ball. Erst wenn Ihr Vierbeiner ein paar Momente ruhig neben Ihnen sitzen bleibt, darf er starten. Oder Sie gehen nach dem Werfen mit dem Hund noch ein paar Schritte »Bei Fuß« in die entgegengesetzte Richtung und schicken ihn von dort aus los. So muss er sich einerseits beherrschen (sitzen bleiben, dann mit Ihnen mitgehen), andererseits muss er sich merken, wohin der Ball gefallen ist, damit er ihn vom neuen Standort aus wieder findet. Das sind nur zwei Beispiele. Diese Art des Ballspiels macht viel Spaß, und der Hund lernt dabei auch noch, sich schnell bewegenden Objekten gegenüber zu beherrschen.

ZIEHSPIELE DOSIEREN

Ich bin stärker als du

SCHON WELPEN SPIELEN untereinander oder mit der Mutter gern mal Zerren. Auch bei meiner Hündin konnte ich das sehr schön beobachten. Wenn Sie mit einem der Welpen an einem Ziehtau zerrte, dosierte sie das Spiel so, dass der Zwerg zwischendurch vermeintlich sogar das Gefühl bekam, stärker als Mama zu sein. Wenn sie wieder heftiger zog, dann so, dass er mithalten konnte, ohne aus der Kurve zu fliegen. Welpen untereinander nehmen dagegen keine Rücksicht auf die Kräfteverhältnisse. Ist ja auch nicht nötig, denn diese sind schließlich ausgewogen. Auch jenseits des Welpenalters spielen viele Hunde untereinander gern auf diese Weise.

Gelegentliche Zerrspiele sind auch zwischen Zwei- und Vierbeiner kein Problem und machen beiden Spaß – wenn man ein paar Punkte im Hinterkopf behält. Die Betonung liegt allerdings auf »gelegentlich«, denn exzessives Rangeln um die Beute tut meist nicht gut. Zunächst muss auch bei diesem Spiel die Aufforderung stimmen. Wenn Herrchen passiv dasteht und das Spielzeug lediglich dem Hund vor die Nase hält, kommt oft gar keine Resonanz, was aber angesichts Herrchens Körpersprache auch keineswegs verwunderlich ist.

So mancher Zweibeiner animiert seinen Hund zum Mitspielen, indem er das Spielzeug vor sich, aber über dem Hund bewegt. Doch was folgt dann? Der Hund springt und springt. Aber eigentlich soll er erstens nicht hochspringen, und zweitens ist es für junge Hunde ungesund, zu oft nach dem Spielzeug zu springen. Ziehen Sie deshalb das Spielzeug in ruckartigen Bewegungen am Boden entlang. Dazu können Sie noch ein paar spannende Töne von sich geben. Jetzt wird der Hund die Beute fangen wollen. Wann er das darf, haben Sie in der Hand. Der Vierbeiner mit wenig Ausdauer darf schneller Erfolg haben als der hoch motivierte.

Auch die Intensität der Bewegung der Beute lässt sich steuern. Sie können die Beute wilder oder sanfter bewegen. Neigt der Vierbeiner dazu, sich zu sehr hineinzusteigern, reicht die sanftere Variante. Dann ist es so weit, der Vierbeiner hat die Beute erwischt. Nun können Sie ein wenig mit ihm darum zerren.

Aber alles mit Maß und Ziel – auch das dosieren Sie dem Hundetyp entsprechend. Bei Vierbeinern, die sich leicht hineinsteigern und dann womöglich knurrend und mit voller Kraft zerren, reicht ein kurzes, moderates Zerrspiel ohne viel Action Ihrerseits.

Wer bekommt nun am Schluss die Beute? Grundsätzlich fast immer der Teamchef Mensch. Ist das Spiel zu Ende, hören Sie mit jeglicher Bewegung auf, halten das Spielzeug weiterhin fest, aber zerren nicht mehr aktiv und sagen nichts mehr. Wie reagiert Ihr Vierbeiner jetzt? Ein sehr führiger Hund mit moderatem Beuteinstinkt lässt jetzt von selbst die Beute aus. Er erkennt an Ihrem Verhalten, dass das Beutespiel zu Ende ist, und akzeptiert das. Kann der Vierbeiner das nicht recht glauben und zieht weiter daran, geben Sie Ihr Signal zum Loslas-

sen, falls der Hund das kennt, oder Sie tauschen die Beute gegen einen leckeren Happen oder ein anderes Spielzeug, welches der Vierbeiner dann natürlich auch behalten darf.

Es spricht übrigens nichts dagegen, hin und wieder den Hund Sieger sein zu lassen, wenn die Beziehung zwischen Ihnen und Ihrem Vierbeiner intakt ist und er Sie respektiert. Dann können Sie die »Beute« loslassen, und der Hund darf sie wegtragen. Interessieren Sie sich nun nicht mehr für sie und räumen Sie sie erst weg, sobald auch Ihr Hund kein Interesse mehr daran hat. Es sollte aber auch kein Problem sein, ihm die »Beute« nach einiger Zeit abzunehmen.

So viel Spaß es auch macht, Zerrspiele sind nicht für jedes Mensch-Hund-Team geeignet! Zum Beispiel dann nicht, wenn Sie Ihrem Vierbeiner kräf-

NÜTZLICHES REZEPT 12

ZERRSPIEL UND GEHORSAM

Wenn das klappt, ist alles paletti

Ebenso wie beim Bringen lässt sich auch beim Zerrspiel der Gehorsam einbauen. Das Auslassen auf Ihr Signal hin ist bereits eine entsprechende Übung. Eine andere Übung, die zudem schnelles Umschalten des Hundes erfordert, ist zum Beispiel ein »Sitz« oder auch »Platz« direkt während des Spiels. Hier muss der Vierbeiner abrupt von hoher Aktivität auf völlige Ruhe umschalten. Das Spielzeug lässt er dabei automatisch los. Super, wenn Ihr Hund das kann! Zur Belohnung geht das Spiel dann weiter. Diese Selbstbeherrschung hilft durchaus auch in anderen Situationen.

temäßig unterlegen sind, wenn er dazu neigt, Ressourcen wie Spielzeug oder Futter zu verteidigen, oder wenn es Ihnen an Souveränität fehlt und Ihr Hund Sie deshalb nicht respektiert. Auch ein sehr stark ausgeprägter Beuteinstinkt spricht gegen Zerrspiele. Denn das fördert ihn noch mehr, und der Hund lernt zudem, dass er »Sieger« ist, wenn er sich ordentlich anstrengt. Das ist für den Alltag nicht förderlich.

Momo liebt Zerrspiele über alles. Sie ist eine recht »weiche« Hündin, betreibt in Spielstimmung das Spiel aber mit voller Leidenschaft. Nie aber so, dass sie sich zu sehr hineinsteigert. Sobald Frauchen nicht mehr aktiv zerrt, lässt sie aus und wartet. Überlässt Frauchen ihr manchmal die »Beute«, denkt Momo ganz und gar nicht daran, sie in Sicherheit zu bringen. Im Gegenteil – sie bietet die »Beute« Frauchen erwartungsvoll wieder an. Für Momo steht somit eindeutig das gemeinsame Tun im Vordergrund und nicht der Besitz der »Beute«. Weiteren Zerrspielen steht bei den beiden also nichts entgegen!

ZUM SPIELEN ANIMIEREN

Ich will nicht mit dir spielen

HERRCHEN MÖCHTE MIT BELLO spielen, doch Fehlanzeige – Bello mag nicht. Und das nicht zum ersten Mal. Woran liegt das? Nun, nicht jeder Hund ist ein Spieljunkie. Manche spielen nur wenig oder kurz und sind schwer zu motivieren. Ältere Vierbeiner haben ebenfalls oft nicht mehr so viel Lust. Das muss man akzeptieren. Lässt die Spiellust aber auffallend nach, können Schmerzen oder andere gesundheitliche Ursachen dahinterstecken. Ist Bello aber rundum fit, kann es auch an der Art der Aufforderung liegen, wenn er nicht mitspielt. Beobachten Sie einmal Hunde beim Spielen untereinander. Fordert einer den anderen auf, setzt er sich nicht etwa vor seinen Kumpel und wartet. Sondern er hopst vor dem anderen hin und her oder stupst ihn auch kurz an.

Werden Sie daher selbst aktiv und nutzen Sie Körpersprache und Stimme gezielt. »Hopsen« also auch Sie mit etwas geduckter Lauerhaltung und freundlichem Gesicht ein wenig vor Ihrem Vierbeiner hin und her oder von ihm weg. Sagen Sie dazu beispielsweise freundlich-motivierend »spielen«. Durch die Verknüpfung von Wort und Spiel können Sie ihn nach einiger Zeit schon durch das Wort in Spielstimmung versetzen. Achten Sie auf die Intensität Ihrer Körpersprache. Ihr Hund darf sich nicht bedroht fühlen. Spielt er mit,

können Sie ihn auch mal leicht mit dem Finger anstupsen. Er wird seine Schnauze mit ins Spiel bringen, aber er darf lediglich nur leicht Ihre Hand nehmen (→ Seite 74). Andernfalls waren Sie zu übermotiviert. Noch bevor Ihr vierbeiniger Spielpartner keine Lust mehr hat, beenden Sie das Spiel. Das heißt, die eigene Körpersprache auf Ruhe umzustellen, also entspannt stehen zu bleiben, kombiniert mit einem ruhigen »Schluss«.

DAS STÖCKCHEN-SPIEL

Nur wenn ich das möchte

HERRCHEN WIRFT EIN PAAR MAL das Stöckchen, und der Hund bringt es. Irgendwann reicht es Bello. Er lässt das Stöckchen unbeachtet liegen und geht anderen Interessen nach. Ist doch okay, denken Sie vielleicht, denn der Hund und sein Herrchen haben doch toll miteinander gespielt. Aber so einfach ist die Sache nicht: In diesem Beispiel hat der Vierbeiner das Spiel initiiert, indem er seinem Besitzer das Stöckchen vor die Füße legt. Und es ist der Hund, der das Spiel beendet, weil er anderes zu tun hat und schließlich den Stock einfach liegen lässt. Der Vierbeiner »steuert« also

seinen Zweibeiner. Sie wissen schon: Zu viel reagieren statt agieren ist nicht gut und macht Sie uninteressant (→ Seite 19). Dazu kommt, dass Stöcke draußen überall verfügbar sind und der Vierbeiner sich selbst aussuchen kann, wann er damit und/oder mit seinem Menschen spielen möchte. Außerdem gibt es zum Stöckchenspiel einen gesundheitlich bedenklichen Aspekt. Läuft der Hund einem fliegenden Stock nach, kann es sein, dass die beiden in einem ungünstigen Moment aufeinandertreffen und der Vierbeiner sich den Stock in den Rachen rammt. Das kann zu bösen Verletzungen des Hundes führen. Für gemeinsames Spielen draußen daher nur Hundespielzeug verwenden!

INTERESSE WECKEN

Mein Spielzeug ist mir schnuppe

FRAUCHEN MÖCHTE MIT BELLO spielen. Sie zeigt ihm die Quietschente und erntet einen »Puh-wie-öde-Blick«. Dann vielleicht der Plüschelch? Auch nicht. Oder das Gummimoorhuhn? Bello hat oft null Bock, nur manchmal spielt er mit etwas oder holt sich ein Spielzeug aus dem bis zum Rand mit dem vollen Sortiment gefüllten Korb. Dann nervt auch Frauchen noch und versucht permanent, ihn zu animieren. Das erschlägt jeden Vierbeiner irgendwann.

Ganz ähnlich ist es auch bei Kindern. Das Kinderzimmer sieht aus wie ein Spielzeugladen, und der Junior weiß nicht, was er spielen soll, weil er zu viel hat und das alles ständig vor der Nase. Da werden ganz schnell die tollsten Sachen langweilig.

So gesehen ist es nur logisch, dass Gummimoorhuhn & Co. sowohl zu Hause und erst recht auf dem Spaziergang keine Rolle spielen. Der Vierbeiner hat sie ja immer um sich und er kann sich aus seinem Korb bedienen, wann er will. Aber wegen dieses Überflusses will er das oft nur noch selten.

Aber dieser Zustand muss nicht so bleiben. Sie können ihn ändern, vorausgesetzt Ihr Vierbeiner ist nicht grundsätzlich der totale Spielmuffel. Dazu wird, auch wenn es Ihnen schwerfällt, die Spielkiste geleert. Allenfalls ein bis zwei uninteressantere Teile bleiben. Mit denen kann Ihr Vierbeiner sich bei Bedarf selbst beschäftigen. Die Dinge, die ihn noch am ehesten interessieren, räumen Sie für ihn unerreichbar weg.

Nun setzen Sie ihn ein paar Tage auf Entzug. Sollte er Sie mit einem der verbliebenen Dinge zum Spielen auffordern, schicken Sie ihn deutlich weg. Dann kommt der Tag X. Mit »geheimnisvoller« Stimme holen Sie eines der weggeräumten Spielsachen hervor. Beschäftigen Sie sich selbst intensiv damit. Wenn Ihr Vierbeiner nun interessiert antrabt, lassen Sie es ihn höchstens mal kurz sehen und drehen sich immer wieder weg. Entscheiden Sie jetzt nach Bauchgefühl, ob Sie das Spielzeug wieder wegräumen oder mit dem Hund ein kurzes Spiel machen. Letzteres können Sie aber auch erst beim nächsten oder übernächsten Mal anschließen.

Egal ob Bring-, Ziehspiel oder was auch immer, am Schluss halten Sie das

Spielzeug in Händen und räumen es dann anschließend wieder auf.

Beenden Sie das Spiel immer deutlich bevor der Hund keine Lust mehr zum Spielen hat. Schon nach einer halben Minute kann etwa bei einem Zerrspiel mit einem schwer zu motivierenden Couchpotato der richtige Zeitpunkt kommen. Bringt der Vierbeiner seinen Ball vier, fünf Mal freudig zurück und lässt ihn beim sechsten Mal liegen, werfen Sie den Ball künftig höchstens drei Mal und zwischendurch auch nur ein oder zwei Mal. Denn nur dann wird Bello das nächste Mal wieder erwartungsvoll neben Ihnen stehen, wenn Sie die »magische Schranktür« öffnen.

Wie oft Sie den Vierbeiner zum Spiel auffordern sollten, lässt sich pauschal nicht sagen. Hören Sie auch dazu auf Ihr Bauchgefühl. Aber es muss nicht täglich sein. Weniger leicht motivierbare und weniger ausdauernde Vierbeiner werden seltener aufgefordert als spielfreudige. Sie werden feststellen, dass der Hund im Lauf der Zeit immer mehr Lust zum gemeinsamen Spiel hat. Auch unterwegs wird das Spielzeug hoffentlich nun interessant. Dann lässt sich der Vierbeiner, wenn nötig, mit einem Lieblingsspielzeug auch mal von etwas ablenken, auf das er sich nicht konzentrieren soll. Beispielsweise von Enten auf einem Teich oder einem Jogger.

Ist Ihr Vierbeiner jedoch kein Typ für Spielzeuge, zwingen Sie ihm keines auf. Vielleicht ist er mehr für Spiele mit Futter zu haben, wie etwa dem Suchen nach versteckten Leckerchen. Auch das eignet sich für zu Hause wie für unterwegs. Oder vielleicht mag Ihr Hund ganz andere Beschäftigungen.

KOMM, WIR SPIELEN ZUSAMMEN
So werden Sie ein tolles Team

Wenn Hunde Highlights mit und durch ihren Zweibeiner erleben, fördert dieses Miteinander die Bindung. Besonders bei eigenständigen Hunden sollte man jedoch darauf achten, dass sie sich nicht zu viel allein mit etwas beschäftigen, das ihnen auch ohne ihren Zweibeiner großen Spaß macht. Wenn nämlich solche Vierbeiner oft erleben, dass sie ihren Menschen eigentlich kaum brauchen, werden sie noch eigenständiger. Finden Sie also heraus, was Ihrem Hund mit Ihnen zusammen Spaß macht .

BEIM FUTTERN

Fressen ist für die meisten Vierbeiner das absolute Highlight des Tages. Aber das ist weiter nicht verwunderlich, ist es doch eine lebensnotwendige Sache. Obwohl das Füttern des Hundes in den meisten Mensch-Hund-Beziehungen nichts Kompliziertes ist, ergeben sich doch immer wieder Fragen rund um das Fressverhalten des Vierbeiners – und auch so manche Probleme. **Wie immer im Umgang mit dem Vierbeiner, spielt auch hier oft das Verhalten des Zweibeiners eine Rolle.**

DAS GIERIGE HUNDEKIND

Wenn Klein Bello das Futter verschlingt

KLEIN BELLO IST SEIT KURZEM in seinem neuen Zuhause. Wird er gefüttert, verblüfft er seine Menschen jedes Mal aufs Neue. Denn kaum hat der Napf den Boden berührt, ist er auch schon wieder fast leer – Klein Bello, der lebende Allessauger. Woher kommt das, und muss man dagegen etwas tun? Keine Angst, das Fressverhalten normalisiert sich mit der Zeit von selbst. Beim Züchter gibt es gemeinsame Mahlzeiten für die Welpen. Da die Geschwister vermeintliche Konkurrenten sind, versucht jedes Hundekind, schnell möglichst viel zu fressen. Im neuen Zuhause fehlt die Konkurrenz, und so wird der Welpe seine Fressgeschwindigkeit allmählich reduzieren. Unterstützen Sie ihn dabei, indem Sie die Fütterung gelassen gestalten.

DER SUPPENKASPER

Keine Extrawurst für Meckerfritzen

WENIG BEGEISTERT SCHAUT PÜPPI in ihren Napf und dessen Inhalt. »Mach doch ein schönes Fressi, Püppi«, sagt Frauchen schmeichelnd und versucht der kleinen Hündin das Futter schmackhaft zu machen. Doch Püppi wartet ab. »Wenn sie nicht frisst, verhungert sie bestimmt bald«, denkt Frauchen besorgt, öffnet den Kühlschrank und schaut, was der heute an Verfeinerungsmöglichkeiten hergibt. Aha, da ist noch Suppenhuhn vom gestrigen Mittagessen. Das Fleisch also in maulgerechte Happen schneiden und ab damit in den Napf. »Geht doch«, denkt sich Püppi und frisst nun begeistert ihr mit Hühnchen verfeinertes »Fressi«.

Abgesehen davon, dass sich bei einem ständig mit Leckerbissen angereicherten Fertigfutter dessen ausgewogene Zusammensetzung ändern kann – möchten Sie wirklich, dass Ihr Hund nur dann frisst, wenn Sie sich zusätzlich etwas Leckeres einfallen lassen? Wenn nicht, ist ein Strategiewechsel fällig.

Bereiten Sie das Futter wie immer und ohne zusätzlichen Griff in den Kühlschrank zu. Stellen Sie den Napf an den gewohnten Platz. Püppi wartet ab? Das ist Ihnen jetzt egal. Beschäftigen Sie sich im Haushalt, lesen Sie oder machen Sie was auch immer, aber bleiben Sie nicht beim Hund und reden Sie ihm auch nicht gut zu. Etwa 15 Minuten später schauen Sie, ob das Futter noch da ist oder ob er es gefressen hat. Auch wenn der Napf noch voll ist, nehmen Sie diesen kommentarlos weg. Ist es Zeit für die nächste Mahlzeit, machen Sie es wieder genauso. Vielleicht knurrt Püppis Magen schon so, dass sie froh ist um das »normale« Futter und es dankbar frisst. Falls nicht, ist der Napf nach spätestens einer Viertelstunde wieder weg. Machen Sie so weiter. Bald wird der Hunger groß genug sein und der Vierbeiner gelernt haben, dass es besser ist, das Futter zu fressen, wenn es angeboten wird, und dass Mäkeln keinen Erfolg hat. Bitte beachten! Dieser Weg ist nur dann das Richtige, wenn Ihr Hund gesund ist und sein Futter gut verträgt. Lassen Sie dies vom Tierarzt abklären.

WISSEN EXTRA

Welches Futter ist das richtige?

Eigentlich ist es einfach. Das Futter, das Ihr Vierbeiner **gut verträgt** und das Ihnen weder zu teuer noch zu billig oder zu aufwendig in der Zubereitung ist, ist das richtige. Was für den einen Hund das Optimale ist, kann für den anderen weniger passend sein. Zunächst ist meist das das Beste, was der (gute) Züchter gefüttert hat. Möchten Sie das Futter umstellen, tun Sie das erst, wenn der Welpe sich eingewöhnt hat. Ersetzen Sie dann das alte Futter nach und nach durch immer mehr des neuen. Fertigfutter sollten Sie am besten grundsätzlich im Zoofachgeschäft kaufen. **Spezialfutter** braucht der Hund bei verschiedenen Erkrankungen und auch, wenn sein Verdauungssystem sehr empfindlich ist oder er Allergien hat. Aber wie viel Futter braucht der Hund? Das ist, auch innerhalb einer Rasse, unterschiedlich. **Normalgewichtig** ist der Hund dann, wenn Sie die Rippen ohne Druck fühlen können, sie sich aber nicht deutlich auf dem Fell abzeichnen. Dosieren Sie das Futter auch nach Aktivität des Vierbeiners. Längere Zeit wenig Action, zum Beispiel wegen einer Verletzung, heißt weniger Futter und umgekehrt.

DIE SELBSTBEDIENUNGS-THEKE

Der Zweibeiner teilt das Futter zu

IMMER FUTTER ZUR FREIEN Verfügung. So mancher mäkelige Vierbeiner hat diese paradiesischen Verhältnisse zu Hause. Der gefüllte Napf steht den ganzen Tag bereit, und der Hund kann sich jederzeit ein paar Häppchen holen. Auf das häppchenweise »Dahinfressen« ist der Verdauungstrakt des Hundes jedoch nicht ausgelegt, die Verdauung so nicht geregelt. Eine Selbstbedienungs-Theke tut dem gesunden Vierbeiner also nicht wirklich gut. Aber nicht nur das. Die Zuteilung des Futters durch den Menschen ist auch ein wichtiges Element für eine intakte Mensch-Hund-Beziehung. Wenn Sie hier also etwas umstellen möchten, machen Sie es so, wie beim »Suppenkasper« beschrieben (→ Seite 88). Das Futter also anbieten und den Napf nach 10 bis 15 Minuten wieder wegnehmen. So wird der Hund wieder ein ordentlicher Fresser mit geregeltem »Innenleben«.

VERLOCKENDER MÜLLEIMER

Gefahrenquelle ausschalten

SO MANCHER VIERBEINER dehnt sein Nahrungsspektrum vom Napf auf den Mülleimer aus. Das kann aus Langeweile geschehen, aber auch weil der Hund es so gewohnt ist. Letzteres ist manchmal dann der Fall, wenn der Vierbeiner früher als Straßenhund lebte und Müll zu seinen Hauptnahrungsmitteln gehörte. Neben der unappetitlichen Komponente kann der Mülleimer aber auch zur tödlichen Gefahr werden. Verfängt sich der Hund etwa mit dem Kopf in einer Plastiktüte, kann er qualvoll ersticken. Also ist oberstes Gebot: den Mülleiner unzugänglich machen.

Schließen Sie ihn zum Beispiel in einen Schrank ein. Oder legen Sie sich einen verschließbaren Eimer zu. Eine weitere Möglichkeit ist, den Mülleimer mit einem Schreckreiz zu verbinden. Prüfen Sie das Umfeld des Mülleimers. Ließe sich dort etwa ein Topfdeckel so installieren, dass er klappernd zu Boden fällt, wenn der Hund sich Zugang zum Mülleimer verschaffen möchte? Berücksichtigen Sie bei »Sicherungsmaßnahmen« stets auch die individuelle Kreativität Ihres Hundes!

Sind Sie nicht im Haus, sollten Sie auf jeden Fall dafür sorgen, dass der Hund zu dem Raum, in dem sich der Mülleimer befindet, keinen Zugang hat. Zur Lösung dieses Problems kann auch eine Hundebox sehr nützlich sein (→ Die Hundebox als Rückzugsort, Seite 57).

FUTTERN NUR MIT ERLAUBNIS

Wenn Bello es nicht mehr erwarten kann

NACH ERFOLGREICHER JAGD versucht in der Natur jedes Tier, so viel wie möglich zu fressen, und verteidigt sein Futter gegenüber Rudelgenossen auch. Im Mensch-Hund-Team dagegen läuft die Fütterung in geordneten Bahnen ab. Sie teilen Ihrem vierbeinigen Liebling gewissermaßen die »Beute« zu, die er auf Ihre Erlaubnis hin fressen darf.

Bello bleibt also so lange vor dem gefüllten Napf sitzen, bis Sie Ihr Auflösungswort sagen und der Hund fressen darf. Das beugt zum einen dem Verteidigen von Futter vor und hilft zum anderen auch, den Napf in Ruhe auf den Boden zu stellen, ohne dass ihn der Hund vor lauter Ungeduld fast aus Ihrer Hand »rammt«. Es gibt zwei Wege, dem Hund das Warten vor dem Napf zu zeigen. Einfach ist es, wenn Ihr Vierbeiner das »Sitz« bereits sehr gut beherrscht. Sie halten den gefüllten Napf in der Hand, lassen den Hund sitzen und stellen den Napf auf den Boden. Warten Sie ein paar Sekunden, dann kommt Ihr Auflösungswort, und der Hund darf sich seinem Napf widmen.

Beherrscht Ihr Vierbeiner das Sitzen nicht oder noch nicht besonders zuverlässig und steht auf, lassen Sie ihn selbst herausfinden, was er tun muss, um an die begehrte Mahlzeit zu kommen. Sie haben den Napf in der Hand und bewegen ihn Richtung Boden. Steht der Hund nun aus dem Sitzen auf oder

»stürzt« sich auf Ihre Hand und den Napf, stellen Sie sich samt Napf und ohne etwas zu sagen wieder aufrecht hin. Allein durch Ihre Körperhaltung fördern Sie das Sitzen, denn der Hund schaut zum Napf hinauf, das Hinterteil geht dabei fast automatisch nach unten.

Warten Sie, bis der Vierbeiner sitzt, auch wenn er Sie eventuell anspringt. Sobald er sitzt, geht der Napf wieder nach unten. Macht der Hund etwas anderes als Sitzen, geht der Napf wieder nach oben. Sie werden staunen, wie schnell Ihr Hund brav sitzen bleibt und auf seine Mahlzeit wartet!

Der Napf ist gefüllt, Frauchen sagt »Sitz«, Dusty sitzt, und der Napf bewegt sich in Richtung Boden. Noch währenddessen klingelt das Telefon. Frauchen stellt den Napf ab und will nur kurz ans Telefon. Es ist die Freundin mit einer wichtigen Neuigkeit, die ausführlich diskutiert werden muss. Und was ist mit dem Hund? Aus den Augen, aus dem Sinn ... Nach etwa 10 Minuten ist das Gespräch beendet, Frauchen geht in die Küche. Ach du dickes Ei, da sitzt Dusty ja noch immer vor seinem vollen Napf! Seine Sabberfäden reichen bis zum Boden und haben schon kleine Pfützen gebildet. Schnell löst Frauchen die Übung auf. Das hat Dusty sehr gut gemacht, doch so extrem muss man das Warten vor dem Napf nicht üben ...

DAS IST MEINS

Strategien gegen Futterverteidiger

IM ZUSAMMENLEBEN mit dem Hund geht es natürlich nicht, dass der Vierbeiner mit Ihnen um sein Futter streitet. Es kann ja durchaus einmal vorkommen, dass man beispielsweise vergessen hat, ein Medikament in den Napf zu geben. Dann muss es möglich sein, dem Hund während des Fressens den Napf kurz wegzunehmen. Grundsätzlich gilt jedoch: Der Hund braucht beim Fressen seine Ruhe! Das heißt aber nicht, dass Sie sich aus dem Raum entfernen und regungslos abseits warten müssen, bis er fertig ist. Sie dürfen sich durchaus in seiner Nähe bewegen. Aber keiner darf ihm ständig auf die Pelle rücken, ihn streicheln oder sonst in irgendeiner Form belästigen. Sagen Sie das vor allem Ihren Kindern! Kinder sollten nie in den Napf fassen oder diesen gar wegnehmen, während der Hund frisst.

Schon das Hundekind muss lernen, dass es keine Gefahr bedeutet, wenn sich sein Zweibeiner beim Fressen in seiner Nähe aufhält. Dazu legen Sie ihm während des Fressens, nicht unbedingt bei jeder Mahlzeit, aber immer wieder einmal einen leckeren Happen in den Napf. Haben Sie das ein paar Mal gemacht, heben Sie den Napf dazu etwas vom Boden weg. Sieht der Welpe auch jetzt, dass Sie etwas hineinlegen, lernt er, dass das Wegnehmen des Futters Gutes für ihn bedeutet.

Knurrt der Hund am Futternapf, kann das verschiedene Ursachen haben. Wurde er beim Fressen häufig belästigt? Oder stimmt an der gesamten Mensch-Hund-Beziehung etwas nicht? Bei Hunden aus zweiter Hand, die womöglich verwildert aufgewachsen sind, führen oft entsprechende Erfahrungen dazu. Es gibt aber auch Vierbeiner, die ohne jeglichen Anlass dazu neigen, andere wiederum würden das nie tun. Egal wie oft man in den Napf fasst.

Was aber tun, wenn der Vierbeiner knurrend über der Futterschüssel steht? Das hängt zunächst davon ab, wie stark sein Verhalten ausgeprägt ist und ob Sie

Angst haben. Droht der Hund heftig, schnappt er nach Ihnen und sind Sie ängstlich, sollte ein kompetenter Trainer oder Verhaltenstherapeut ins Haus kommen. Bei leichteren Formen und wenn Sie es sich zutrauen, kann schon ein Wechsel des Fütterungsplatzes, mehr Ruhe oder auch das Warten vor dem Napf helfen. Es kann auch reichen, die für das Hundekind beschriebenen Maßnahmen anzuwenden.

Legen Sie dem Hund dann bei jeder Mahlzeit etwas in den Napf. Anfangs gehen Sie vom Napf weg. Mit der Zeit bleiben Sie immer mehr in der Nähe.

Beobachten Sie das Verhalten Ihres Vierbeiners. Verteidigt er nur den vollen Napf, also sein Futter, oder auch den leeren Napf? Falls er nur den gefüllten Napf verteidigt, teilen Sie die Mahlzeit in viele kleine Portionen auf. Setzen Sie sich neben den leeren Napf und geben Sie nur ein paar Futterbrocken hinein. Die darf der Hund auf Erlaubnis fressen. Dann folgen die nächsten Brocken, solange bis die Mahlzeit weg ist. Entspannt sich der Hund, lassen Sie die Hand am Napf, wenn Sie die Brocken hineinlegen. Das Verhalten des Vierbeiners sollte sich bald positiv verändern. Eine weitere Möglichkeit ist, den Napf komplett wegzuräumen und den Hund längere Zeit nur noch portionsweise aus der Hand zu füttern. Entspannt sich die Situation, gibt es portionsweise Futter in den Napf. Auch ein völlig anderer neuer Napf kann eine Verbesserung bringen.

LECKERES FÜR HUNDEZUNGEN

Gelegenheit macht Diebe

EIN UNBEOBACHTETER MOMENT und schwups ist die Trüffelsalami weg. Kleinhund Merlin sitzt mit Unschuldsmiene auf dem Stuhl und leckt sich genüsslich die Schnauze. Und das nicht zum ersten Mal ... Aber jetzt ist Frauchen wegen der teuren Salami sauer und schimpft. Was Merlin nun gar nicht versteht. Darf er doch beim Essen, gleich ob zu Hause oder unterwegs, stets auf Stühlen oder gar auf dem Schoß sitzen und wird mit dem einen oder anderen Happen verwöhnt. Also warum sollte Merlin sich nicht auch selbst bedienen? Mal ehrlich – fördern Sie das Klauen nicht vielleicht selbst, indem Sie den Hund vom Tisch füttern? Das sollten Sie abstellen. Ab sofort heißt es: Erfolge vermeiden! Also Essbares wegräumen, denn jeder Erfolg bestärkt den Vierbeiner darin zu klauen.

Auch ein größeres Stück hartes Brot als Köder, an dem ein Topfdeckel hängt, kann Diebe kurieren.

Benutzt der Hund Stühle oder Bänke als »Aufstiegshilfen«, machen Sie sie unbenutzbar. Stellen Sie die Möbel um oder legen Sie sperrige Gegenstände (Bücher, Eimer) darauf.

NÜTZLICHES REZEPT 14

FÜTTERN NACH DER UHR

Es muss nicht immer pünktlich sein

In der Natur stehen Hase und Hirsch nicht pünktlich als Beute parat. Daher muss auch der Hund nicht pünktlich gefüttert werden. Dauert außerdem ein Ausflug länger, gibt es das Futter eben erst um 20 Uhr statt etwa um 17 Uhr. Und möchten Sie am Wochenende ausschlafen, dann bekommt der Hund erst um 10 Uhr statt wie werktags um 7 Uhr sein Futter. Ebenso kann es sein, dass er seine Mahlzeit auch einmal früher bekommt als gewohnt.

FUTTER – ABER FLOTT

Wenn Bello beim Füttern ausflippt

BEGINNT FRAUCHEN, das Futter zuzu-
bereiten, flippt Bello total aus. Er kratzt
an der Küchenanrichte, bellt und kann
es nicht erwarten, bis der Napf auf dem
Boden steht. Erst dann ist Ruhe. Frauchen versucht daher, möglichst flott zu
sein, weil sie das Gedöns nervt. Lesen
Sie dazu auch den Punkt »Ich will raus«
(→ Seite 110). Es ist das gleiche Prinzip.
Hat der Vierbeiner mit dem Verhalten
Erfolg, wird er es immer so machen.
Und den Erfolg hat er hier. Denn Frauchen beeilt sich mit der Mahlzeit.

Sollte man die vierbeinige Nervensäge
besser aus der Küche verbannen, bis das
Futter auf dem Boden steht? Na ja, der
Hund wird sich trotzdem hineinsteigern und womöglich an der Küchentür
kratzen. Ziel sollte es besser sein, dem
Hund zu zeigen, dass ihm nur »normales« Verhalten etwas bringt. Los geht's!
Beginnen Sie mit dem »Futterritual«.
Beobachten Sie genau, wann der Vierbeiner beginnt, sich aufzuregen. Zum
Beispiel, wenn Sie sich auf den Weg in
die Küche machen oder erst, wenn Sie
das Futter abmessen? Egal wann, in
dem Moment brechen Sie ab und setzen
sich etwa auf Ihr Sofa. Und zwar ohne
mit dem Hund zu reden oder ihn anzuschauen. Damit hat er nicht gerechnet.
Wahrscheinlich versucht er jetzt, Sie ir-
gendwie in die Gänge zu bringen. Vielleicht bellt er oder stupst Sie an. Sie tun
nichts. Irgendwann beruhigt er sich.

Jetzt machen Sie sich erneut auf den Weg
in die Küche und brechen wieder dort
ab, wo der Hund sich aufregt. So arbeiten Sie sich nach und nach vor. Angenommen, der Vierbeiner flippt jetzt aus,
wenn Sie den Napf in die Hand nehmen,
um ihn auf den Boden zu stellen: Stellen
Sie diesen sogleich unerreichbar auf die
Anrichte und verlassen die Küche. Der
Hund wird sich immer länger nicht auf-
regen. Denn er merkt schnell, dass Sie
dann nicht weitermachen. Bald bleibt er
die ganze Zubereitungszeremonie über
»normal« freudig. Nehmen Sie sich viel
Zeit dafür, vor allem die erste umgestell-
te Fütterungszeremonie kann dauern.
Es macht nichts, wenn er seine Mahlzeit
dadurch mit Verspätung bekommt. Bei
jeder weiteren Mahlzeit wird es schneller gehen, da der Hund rasch lernt. Vorausgesetzt, Sie ziehen das eisern und
mit dem richtigen Timing durch.

BEI DER PFLEGE

Eine gute Pflege und regelmäßige Besuche beim Tierarzt gehören zum Wohlfühlprogramm für Hunde. Beides trägt zur Gesunderhaltung bei. Der Pflegeaufwand in Bezug auf Haarlänge und -fülle oder Augen und Ohren ist, je nach Rasse, sehr unterschiedlich. Ein Grundprogramm braucht aber jeder Hund. **Deshalb Pflegemaßnahmen und den Besuch beim Tierarzt schon von klein auf üben.**

HAARIGE ANGELEGENHEITEN

Fellpflege leicht gemacht

DIE FELLPFLEGE STEHT auf dem Plan, aber Bello hat darauf keinen Bock. Das kann verschiedene Gründe haben. Vierbeiner jenseits des Welpenalters sind der Fellpflege oft dann abgeneigt, wenn sie schlechte Erfahrungen damit gemacht haben, als Jungspund nicht daran gewöhnt wurden oder sich nur dann anfassen lassen, wenn sie es gerade wollen.

Wichtig ist vor allem, dass das Bürsten vom Hund positiv erlebt wird. Bei kurzhaarigen Vertretern ist das einfach. Aber bei Langhaarigen verlangt es Feingefühl, denn genau wie für uns ist es auch für den Hund unangenehm bis schmerzhaft, wenn es ziept.

Um den Hund nach schlechten Erfahrungen wieder an die Fellpflege zu gewöhnen, bürsten Sie ihm zunächst immer nur kurz und mit Gefühl, am besten dann, wenn er müde ist. Oder geben Sie ihm währenddessen einen Kausnack. Dann ist er beschäftigt und abgelenkt.

Klein Bello sieht in seiner Bürste oft eher noch ein Spielzeug, das er haben möchte, als ein »Wellnessgerät«. Auch bei unwilligen Welpen und Junghunden kann man zunächst eine eher müde Phase nutzen, um sie ans Bürsten zu gewöhnen. Ein Kausnack hilft auch hier. Zudem muss nicht immer das gesamte Fell bearbeitet werden, sondern auch mal nur ein Teil, damit die Fellpflege nicht zu lange dauert. Beenden Sie das Bürsten, solange sich der Hund noch ruhig verhält. Hält der Vierbeiner still, sagen Sie während des Bürstens ab und an beispielsweise »Fell« oder »Bürste«. So verknüpft der Hund die Fellpflege mit einem bestimmten Wort und stellt sich darauf ein. Ordnen Sie auch den anderen Pflegemaßnahmen, wie Kontrolle der Augen, Pfoten usw., je ein bestimmtes Wort zu. Verhält sich Bello trotzdem einmal widerspenstig, weil er voller Energie ist oder die Sache aus seiner Sicht zu lange dauert, machen Sie ruhig weiter. Und zwar so lange, bis er sich kurz ruhig verhält. Jetzt hören Sie auf. So lernt er, dass er mit unwirschem Verhalten nichts erreicht.

Falls Ihr Vierbeiner sich nur dann bürsten lässt, wenn es ihm gerade genehm ist, dann deshalb, weil er mit diesem Verhalten schon Erfolg hatte und Sie sich nach ihm richten – und das sehr wahrscheinlich nicht nur bei der Pflege.

ZECKENALARM

Den Plagegeistern keine Chance

GEDANKENVERLOREN KRAULT MAN den geliebten Vierbeiner, und plötzlich fühlt man etwas, das da nicht hingehört – oh Schreck, eine Zecke. Keine Panik, alles halb so wild. Vor allem dann, wenn der Vierbeiner daran gewöhnt ist, dass Sie in seinem Fell herumnesteln. Ziehen Sie die Zecke samt Kopf mithilfe einer Zeckenzange vorsichtig heraus, und ab mit ihr ins Jenseits. Am leichtesten tun Sie sich, wenn sich der Plagegeist schon ein Stück weit mit Blut vollgesogen hat.

Ist es Ihrem Hund suspekt, wenn Sie auffällig im Fell pfriemeln, versuchen Sie es mit einem Ablenkungs-Kausnack

NÜTZLICHES REZEPT 15

PFLEGE-PFLICHTPROGRAMM

Frühzeitig daran gewöhnen

Damit das heimische Pflegeprogramm und Tierarztbesuche nicht für alle Beteiligten in Stress ausarten, wird tunlichst schon der Welpe mit den diversen Handgriffen vertraut gemacht. Es gehört zum Pflichtprogramm, dass der Hund sich von Ihnen jederzeit überall anfassen lässt. Dann sind auch ein eingetretener Dorn oder Augen- und Ohrentropfen kein Drama. Üben Sie, wenn der Hund müde ist. Inspizieren Sie seine Ohren, untersuchen Sie seine Pfoten und begutachten Sie das Augenlid, indem Sie es mit dem Daumen etwas nach unten ziehen. Um das Gebiss zu kontrollieren und einen Blick ins Maul zu werfen, fassen Sie von oben über die Schnauze und legen je einen Finger hinter die oberen Fangzähne. Mit der anderen Hand stützen Sie den Unterkiefer. Tun Sie das ruhig und bestimmt. Hält Bello still, beenden Sie die Übung. Kontrollieren Sie nicht immer alle Körperteile auf einmal.

oder einem Helfer, der die Aufmerksamkeit des Hundes auf etwas Fressbares oder ein Spielzeug lenkt. Währenddessen können Sie sich dem Ungeziefer widmen. Bei extrem unkooperativen Vierbeinern bleibt nur der Gang zum Tierarzt, oder es heißt warten, bis die Zecke pappsatt abfällt ... Zecken lauern ihren Opfern vor allem im Frühsommer und im Herbst auf Gräsern und Büschen auf. Werfen Sie nach dem Spaziergang einen Blick auf das Fell Ihres Hundes. So entdecken Sie vielleicht manchen Plagegeist, bevor er sich festgebissen hat. Zur Vorbeugung gibt es sogenannte Spot-on-Präparate oder aber spezielle Ungezieferhalsbänder. Fragen Sie Ihren Tierarzt zu diesem Problem.

DER KLEINE DRECKSPATZ

Saubere Pfoten brauch ich nicht

KLEIN BELLOS PFOTEN sind nach dem Regenspaziergang schmutzig. Frauchen holt das Handtuch, um die Pfoten zu putzen, aber Bello knabbert an der Hand, zieht die Pfote zurück und möchte das Handtuch haben. Frauchen wird zunehmend ungeduldiger, schimpft »Hörst du jetzt auf!« und fuchtelt mit dem Handtuch herum. Klein Bello dreht immer mehr auf. Das Handtuch wird zur Beute. Das kann nichts werden. Ruhe und Ausdauer sind hier gefragt.

Am besten üben Sie das Pfotenputzen gezielt, also wenn sie gar nicht schmutzig sind. Setzen Sie sich zum Welpen auf den Boden und nehmen Sie zunächst einfach nur eine Pfote in die Hand, mit Handschuh, falls die Welpenzähne unangenehm sind. Gut ist es, wenn der Kleine etwas müde ist. Beginnt er zu knabbern, behalten Sie die Pfote in der Hand. Warten Sie, bis er deutlich einen Moment aufhört zu nagen. Erst jetzt lassen Sie die Pfote los. Machen Sie das ein paar Mal nacheinander. Rasch wird das Hundekind merken, wann die Pfote »fertig« ist. Klappt das, üben Sie dasselbe mit Handtuch. Klappt auch das, putzen Sie die Pfote. Lassen Sie sie immer erst dann los, wenn der Vierbeiner sich ruhig verhält. Es wird nicht lange dauern, und seine Protestaktionen sind Geschichte. Wenn es so weit ist, sagen Sie immer, sobald das Säubern beginnt, zum Beispiel »sauber machen«. Auch den älteren Hund können Sie so an die Prozedur gewöhnen.

DER MAULHELD

So klappt's mit der Maulkontrolle

LÄSST SICH BELLO NICHT ins Maul schauen oder ans Maul fassen, bringt das Probleme mit sich. Zum Beispiel bei der Gabe von Medikamenten. Was also tun? Am besten Schritt für Schritt vorgehen. Dreht er den Kopf weg, wenn Sie beginnen, ihm die Schnauze zu öffnen? Dann gewöhnen Sie ihn daran, indem Sie die Hand zunächst nur etwas länger auf der Schnauze liegen lassen. Aber nicht so lange, bis der Hund sich entzieht! Ihr Vierbeiner kennt doch sicher ein Belohnungswort. Kurz bevor

Sie die Hand wegnehmen, sagen Sie daher »fein« oder welches Wort Sie als Lob verwenden, und er bekommt einen Happen. Allmählich lassen Sie die Hand immer länger auf der Schnauze liegen und legen Ihre andere Hand an den Unterkiefer. Anfangs kurz, dann immer länger. Klappt auch das, bewegen Sie die Finger an den Lefzen. Auch anfangs nur kurz, dann länger. Und so weiter, bis Sie schließlich das Maul problemlos öffnen können – zunächst wieder nur kurz, dann länger. Jedes Mal, wenn der Hund sich ruhig verhält, gibt es das Lob und den Happen. Nun führen Sie auch ein Signalwort ein – etwa »Zähne«.

NÜTZLICHES REZEPT 16

AGGRESSIVE VIERBEINER

Knurren und beißen

Falls Ihr Hund seine mangelnde Kooperationsbereitschaft durch Aggression zeigt, also Sie anknurrt oder gar nach Ihnen schnappt, sollten Sie sich unbedingt kompetente Hilfe holen. Aber auch dann, wenn Sie sich grundsätzlich unsicher sind oder sich etwas nicht zutrauen. Auch in diesem Fall ist es dringend anzuraten, vor Ort sowohl Ihr Verhalten als auch das des Vierbeiners gründlich von einem Fachmann analysieren zu lassen.

HUNDEFRISEUR, NEIN DANKE!

Fell schneiden – mehr Last als Lust

NICHT JEDER VIERBEINER geht gern zum Hundefriseur. Das kann unterschiedliche Gründe haben. Vielleicht hat der Hund dort einmal schlechte Erfahrungen gemacht, weil er sich etwa vor dem Föhn fürchtet oder geziept wurde. Oder er hat grundsätzlich Angst vor fremden Menschen und/oder einer fremden Umgebung. Oder Bello kann mit dieser Hundefriseurin nicht warm werden. Diese Hürde wäre relativ einfach zu meistern, indem man den Hundepflegesalon wechselt. Ist zum Beispiel das Föhnen das Problem, wird der Hund eben nicht geföhnt. Fühlt sich Bello im Hundesalon unwohl, könnte man es mit einem mobilen Hundefriseur versuchen, der ins Haus kommt. Oder Sie übernehmen Bellos Styling selbst. Auch in puncto Hundesalon ist eine frühzeitige Gewöhnung gut. Besuchen Sie den Hundefriseur schon hin und wieder mit dem Welpen und lassen Sie Ihr Hundekind streicheln und sanft bürsten. So lernt es diese Umgebung positiv kennen.

DER NETTE TIERARZT

So lernt Bello, ihn zu mögen

TIERARZT UND PRAXIS lernt Bello am besten zum ersten Mal kennen, ohne krank zu sein oder Schmerzen zu haben. Also zum Beispiel dann, wenn Sie für den Welpen ein Entwurmungsmittel abholen. Dann kann der zukünftige Patient sich in der Praxis umsehen und das Personal sich mit Streicheleinheiten und Leckerchen bei Ihrem Vierbeiner »einschleimen«. Zumindest solange keine schmerzhafte Behandlung nötig ist, wird der Hund das nächste Mal entspannt in die Praxis kommen.

WARTEZIMMERSTRESS

Angst fressen Seele auf

ZITTERND WIE ESPENLAUB sitzt Bello im Wartezimmer des Tierarztes neben Frauchen. Weder das hübsche Hundemädchen neben ihm noch der Stubentiger zwei Meter weiter können sein Interesse wecken – und das, obwohl er normalerweise bei Hündinnen nicht zu bremsen ist und bei Katzen alle Zeichen auf Jagd stehen. Wenn Bello Angst vor dem Tierarzt hat, ist das oft die Folge einer schmerzhaften Behandlung. Zum Beispiel wenn er sich die Pfote aufgeschnitten hatte, ihn eine schmerzhafte Ohrentzündung quälte oder er nach einer Operation womöglich einige Tage in der Tierklinik bleiben musste. Ein sensibler Hund kann aber auch Angst bekommen, wenn andere ängstliche Hunde im Wartezimmer sind oder er bestimmte, für ihn unangenehme Gerüche in der Praxis wahrnimmt, die wir nicht riechen können. Wie kann man Bello helfen?

WISSEN EXTRA

Sicherheit vermitteln

Ob und wie viel Angst der Vierbeiner beim Tierarzt hat, hängt auch von der Qualität der Mensch-Hund-Beziehung ab. Ein Hund, der sich bei seinem Mensch sicher und geborgen fühlt, weil der ihn stets leitet und für ihn sorgt, vertraut ihm in jeder Situation. Auch wenn dem Hund der Tierarztbesuch nicht geheuer ist, wird er ihn mit seinem souveränen Zweibeiner besser und beruhigter hinter sich bringen als ein Vierbeiner, der sich auf sich selbst gestellt fühlt.

Lassen Sie Ihren Hund daher möglichst nicht merken, dass Sie sich Sorgen um ihn machen und bei Tierarztbesuchen selbst beunruhigt sind. Denn Ihre veränderte Stimmung überträgt sich auf den Vierbeiner, was ihn zusätzlich verunsichert. Das macht ihm die Situation unnötig schwer. Und dies liegt doch sicher nicht in Ihrem Interesse.

103

Vermeiden Sie auf jeden Fall, seine Angst unbewusst zu fördern, indem Sie ihn bedauern oder trösten, wenn er neben Ihnen schlottert. Bleiben Sie entspannt und locker.

Eine Möglichkeit, die Angst in den Griff zu bekommen, sind »neutrale« Tierarztbesuche zu gesunden Zeiten. Dort bekommt er dann Futter, wenn er Hunger hat, oder sein Lieblingsspielzeug. Im Idealfall wird so seine Angst neutralisiert und der Tierarzt samt Praxis wieder positiv »besetzt«.

Um dem Hund wenigstens den Wartezimmerstress zu ersparen, können Sie ihn zunächst im Auto lassen und erst dann holen, wenn Sie mit Bello an der Reihe sind. Manche Tierärzte kommen bei solch ängstlichen Vierbeinern auch nach Hause, falls das – je nach Erkrankung – möglich ist.

Neigt Ihr Hund unter Angst zu Aggressionen, ist zusätzlich zu den Maßnahmen, ihm die Angst zu nehmen, die Gewöhnung an einen Maulkorb nützlich. Den sollte der Hund dann im normalen Alltag hin und wieder eine Zeit lang tragen, damit er diese Einschränkung nicht auch noch direkt mit dem Tierarztbesuch verknüpft. Viele Tierärzte verwenden bei der Behandlung einen Maulkorb, um sich selbst zu schützen. Kennt Ihr Hund den Maulkorb schon, erspart das zusätzlichen Stress.

DER STÖRRISCHE ESEL

Wenn Bello nicht zum Tierarzt will

MANCHMAL IST BELLOS ABNEIGUNG gegen den Tierarzt so stark ausgeprägt, dass er nicht einmal über die Schwelle der Praxis zu bewegen ist oder sich gar schon im Auto gegen das Aussteigen spreizt, sobald ihm dämmert, wo es gerade hingehen soll. Ein kleinerer Hund lässt sich noch unter den Arm klemmen. Überschreitet er aber das tragbare Format, wird es schwierig. Hier kann es helfen, dem Vierbeiner mit verschiedenen Maßnahmen die Angst zu nehmen.

Fahren Sie zu Übungszwecken eine Zeit lang immer wieder mal zur Tierarztpraxis. Am besten ist es, wenn der Hund richtig Appetit hat. Nehmen Sie besonders leckeres Futter und seinen Napf mit. Stellen Sie den gefüllten Napf in der Nähe des Autos auf den Parkplatz der Praxis. So lässt Bello sich hoffentlich aus der Reserve locken. Macht das

Aussteigen aus dem Auto keine Probleme mehr, gehen Sie mit dem Hund eine Weile auf dem Parkplatz umher. Gestalten Sie den Platz vor der Praxis positiv, indem Sie mit Ihrem Vierbeiner spielen oder ihm den einen oder anderen leckeren Happen füttern. Danach ab ins Auto und heimfahren. Mit zunehmender Entspannung des Vierbeiners arbeiten Sie sich immer näher an den Eingang zur Praxis heran. Wenn dann noch der gefüllte Napf am Praxiseingang wartet, ist es bis zum Betreten der Praxis nicht mehr weit. Anschließend noch ein paar entspannte, behandlungsfreie Besuche in der Praxis mit positivem Kontakt zum Praxisteam, und Bellos Vorbehalte sollten weitgehend verschwunden sein.

IM WARTEZIMMER

... locken leckere Braten

BEIM TIERARZT TREFFEN die unterschiedlichsten tierischen Patienten aufeinander. Hunde, Katzen, Nager oder auch Vögel geben sich hier die »Klinke in die Pfote beziehungsweise Kralle«. Das bringt es mit sich, dass Bello – je nach »Vorlieben« – nicht nur auf ungeliebte Artgenossen treffen kann, sondern auch auf solche Tiere, die perfekt in sein Beuteschema passen.

Ist der Vierbeiner Artgenossen gegenüber unverträglich, sollten Sie kritische Situationen von vornherein vermeiden. Denn nicht nur für Ihren Hund, sondern auch für die anderen Hunde bedeutet es Stress, wenn sie zusammen in einem Zimmer warten müssen. Der Tierarztbesuch ist keine gute Gelegenheit, womöglich an Problemen dieser Art zu arbeiten. Fragen Sie daher in der Praxis, ob es eventuell einen extra Raum gibt, in dem Sie warten können. Geht das nicht, lassen Sie den Vierbeiner am besten im Auto, bis Sie Ihren Hund holen können. Vor allem bei größeren Hunden ist das ratsam. Hat Ihr Vierbeiner es auf jagdbare Mitpatienten abgesehen, gilt – je nach Ausprägung der Jagdlust – im Prinzip dasselbe.

Sofern Sie ihn gut festhalten können, suchen Sie sich im Wartezimmer eine ruhige Ecke, sodass genügend Abstand zwischen Ihrem Vierbeiner und Meerschweinchen & Co. bleibt. Doch wenn Bello sich im Wartezimmer allzu sehr »aufführt«, sollten Sie ihn so lange ins Auto verfrachten, bis er an der Reihe ist.

Ein Mädchen sitzt samt Kaninchen auf dem Arm im Wartezimmer. Da kommt Frauchen mit Hündin Maxi herein. Mit einem »Ach, ist das süß« nehmen beide Kurs auf das Kaninchen. Plötzlich springt das Langohr wie von der Tarantel gestochen mit einem schrillen Angstschrei vom Arm des Mädchens und flüchtet durch die Tür des Behandlungszimmers, die sich gerade öffnet. Das Kaninchen witterte in Maxi einen Todfeind, obwohl Maxi gar nicht scharf auf Kaninchen ist. Der Hund auf Abstand und das Kaninchen im Käfig hätten viel Stress erspart!

BITTERE PILLEN

Bello die Behandlung »versüßen«

DIE MEISTEN KRANKHEITEN bringen es mit sich, dass die eine oder andere bittere Pille zu schlucken ist. Oft in wörtlichem, manchmal aber auch in übertragenem Sinn in Form von diversen Tropfen in Maul, Augen und Ohren oder dem Wechseln von Verbänden und Halskrausen.

Wohl dem, der seinen Vierbeiner im Rahmen der Gewöhnung an Pflegemaßnahmen beizeiten mit diversen Handgriffen vertraut gemacht hat! Dann sind diese unangenehmen Dinge letztlich ein Kinderspiel. Bei geringerer Kooperationsbereitschaft des Patienten ist es für die Verabreichung von Augen- und Ohrentropfen nützlich, eine müde Phase des Hundes abzuwarten. Dann fällt die Gegenwehr hoffentlich milder aus, als wenn der Vierbeiner vor Tatendrang strotzt.

Bereiten Sie die Medizin vorher komplett vor. Also öffnen Sie die Flasche mit den Tropfen nicht erst dann, wenn Sie den Hund schon festhalten. Hat der Hund die Prozedur über sich ergehen lassen, hat er sich eine Belohnung verdient! Muss ein Medikament auf Fell oder Haut aufgetragen oder der Pfotenverband gewechselt werden, hilft es, wenn eine zweite Person den Hund ablenkt. Zum Beispiel mit einem fast leeren Joghurtbecher, den Bello nebenbei auslecken darf. Bleiben Sie bei all diesen Maßnahmen immer ruhig, aber bestimmt. Schaffen Sie es nicht allein, sollte Ihnen eine dem Hund vertraute Person helfen.

Auch Tabletten oder Tropfen muss so gut wie jeder Hund irgendwann einmal nehmen. Aber Medikamente schmecken selten lecker. So mancher Vierbeiner lässt sich überlisten, wenn man die Medizin kreativ in Leberwurst oder Ähnlichem versteckt. Aber manche Hunde sind nicht zu überlisten. Sie pfriemeln jede noch so gut getarnte Tablette aus ihrem Versteck. Dann hilft nichts anderes, als dem Vierbeiner die Tablette (nicht zu groß!) ganz hinten auf die Zunge zu legen und die Schnauze sanft zuzuhalten, bis Bello die bittere Pille schluckt. Tropfen lassen sich mit einer Pipette zwischen das Gebiss in die Maulhöhle träufeln, ohne dass Sie das Maul öffnen müssen.

Enya geht ungern zum Tierarzt, vor allem seit sie einen Kaiserschnitt brauchte. Wie sagt man so schön: »Sie ist bleich, aber gefasst« und liegt mit leichtem »Schüttelfrost« neben Frauchen im Wartezimmer. Geduldig lässt sie jede Behandlung über sich ergehen, ohne Regung, mit hängendem Kopf und hängendem Schwanz. Doch sobald sie vom Behandlungstisch gehoben wird, ist sie wie verwandelt. Sie freut sich, ist aufgedreht und sitzt dann erwartungsvoll wedelnd vor dem Tierarzt. Denn der holt die Dose mit den Leckerchen hervor – ein echtes Highlight!

NÜTZLICHES REZEPT 17

DAS SCHMECKT
Es gibt auch schmackhafte Pillen

Von manchen Medikamenten, wie zum Beispiel Wurmmitteln oder bestimmten Schmerztabletten, gibt es durchaus schmackhafte Varianten. Das erleichtert bei hartnäckigen Medizinverweigerern die Verabreichung sehr. Fragen Sie Ihren Tierarzt danach. Ein weniger schmackhaftes Medikament lässt sich positiv belegen, wenn es Ihrem Vierbeiner immer unmittelbar vor dem Futter gegeben wird. Das Futter muss für den Hund dann aber auch ein echtes Highlight sein.

UNTERWEGS

Das Tolle an unseren Hunden ist, dass sie uns im Alltag begleiten können – ob in die Stadt, in den Urlaub, auf Wanderungen oder ins Restaurant. Hundehalter sind durch ihre Vierbeiner auch sehr viel draußen in der Natur. Einfach die Seele baumeln lassen und sich an der Lebensfreude des Vierbeiners erfreuen. Das tut gut. **Aber nicht immer ist ein Ausflug die reine Freude. Doch mit Umsicht und Erziehung lässt sich so manche Klippe erfolgreich umschiffen.**

ICH WILL SOFORT RAUS

Wenn Bello aus dem Auto drängelt

DIE HECKKLAPPE IST NUR minimal geöffnet, und schon quetscht sich Bello aus dem Auto. Oh, oh, da sind Probleme vorprogrammiert! Was, wenn jetzt ein Auto oder ein streitsüchtiger Artgenosse des Weges kommt? Wäre es nicht wesentlich besser, man könnte bei geöffneter Heckklappe entspannt beispielsweise die Gummistiefel anziehen, während der Vierbeiner ruhig wartet? Ja, schön wär's, denken Sie, aber mein Hund springt immer heraus. Das macht er aber nur, weil Sie ihn lassen. Oder es unbewusst sogar mit aufgeregtem »Ja schau mal, jetzt sind wir da« fördern.

Es ist relativ einfach, den jungen wie auch den schon erwachsenen Hund (und sich selbst ...) umzupolen. Ein paar Punkte sind jedoch vorab wichtig. Schnallen Sie den Vierbeiner im Innenraum entweder mit einem Hunde-Sicherheitsgurt an oder bringen Sie ihn im Heck in einer Box unter. So müssen Sie nur einen begrenzten Raum kontrollieren und haben etwas mehr Reaktionszeit nach dem Öffnen der Tür oder Heckklappe.

Üben Sie nicht unter Zeitdruck, also nicht dann, wenn der Hund schnell aus dem Auto muss, weil Sie zu einer bestimmten Zeit an einem besimmten Ort sein müssen. Üben Sie besser stressfrei – sowohl zu Hause als auch an verschiedenen Stellen draußen.

Für das Training gibt es verschiedene Ansätze. Sie können den Hund im Auto mit »Sitz« sitzen lassen, bis Sie ihm etwa mit »Hopp« die Erlaubnis zum Herausspringen geben. Dazu muss der Hund das Sitzen zuverlässig und auch unter Ablenkung beherrschen. Er darf in diesem Fall nicht liegen oder stehen. Das heißt, Sie müssen zusätzlich darauf achten, dass er das »Sitz« richtig ausführt. Es geht aber auch einfacher.

Sie zeigen dem Hund lediglich, aber eindeutig durch Ihre Körpersprache, dass er noch nicht aussteigen darf, bevor Sie die Erlaubnis dazu geben. Ob er im Sitzen oder mit allen vieren von sich gestreckt wartet, ist dabei völlig egal. Hauptsache, er verhält sich ruhig und bleibt entspannt im Auto, ob nun draußen tote Hose herrscht oder bereits die vierbeinigen Spielfreunde warten. Auch hier ist erst Ihr »Hopp« das Aussteigesignal für Ihren Vierbeiner.

Der Hund muss merken, dass jegliches noch so kleine Drängeln dazu führt, dass der Ausgang geschlossen bleibt. Das richtige Timing ist dabei sehr wichtig! Sie greifen Richtung Autotür oder Heckklappe. Der Hund ist aufgeregt und klebt schon an der Scheibe. Nehmen Sie jetzt die Hand sofort wieder weg. Hat er sich beruhigt, geht Ihre Hand wieder in Richtung Tür. Bleibt der Vierbeiner ruhig, öffnen Sie die Tür nur so weit, dass sie angelehnt ist. Bleibt Bello auch jetzt ruhig? Dann öffnen Sie die Tür ein Stück weiter. Nimmt der Vierbeiner Kurs in Richtung Ausgang? Tür zu, aber deutlich.

Ist er schon zu weit? Sobald auch nur eine Pfote oder die Schnauzenspitze die »Grenze«, also den Türrahmen oder den Innenraum der Box, überschreitet, wird der Hund deutlich zurückgeschoben. Die Tür nun wieder anlehnen. Und so weiter, bis die Tür offen steht und der Hund trotzdem ruhig wartet.

Entwischt Ihnen der Vierbeiner ohne Erlaubnis, verfrachten Sie ihn sofort und deutlich wieder ins Auto und schließen die Tür oder Box. Ganz wichtig: Der Hund wartet ab sofort konsequent immer auf Ihre Erlaubnis zum Aussteigen – egal, ob Sie in der Pampa parken oder mitten in der Stadt. Denn er kann nicht unterscheiden, wo vorzeitiges Herausspringen ungefährlich ist und wo nicht. Nur wenn Sie es genau mit dem Ablauf Ihrer Anweisung nehmen, lernt es auch der Hund.

Heute steht geordnetes Aussteigen auf dem Programm. Die Heckklappe ist offen. Bailey kratzt wie verrückt an der Boxentür. Frauchen darf die Box jetzt nicht öffnen und hat außerdem Sprechverbot. Beides fällt ihr schwer. Als Bailey sich beruhigt, bewegt sich ihre Hand in Richtung Boxentür. Wieder kratzt er, Frauchen nimmt die Hand weg. Nach drei, vier Mal schaut Bailey zwar verwundert, bleibt aber ruhig, als die Hand an der Boxentür ist. Die Tür geht etwas auf, Bailey drängt heraus. Die Tür wird sofort angelehnt. Die Hand bleibt an der Boxentür. Nach wenigen Versuchen verhält sich Bailey auch bei offener Box ruhig. Nun legt ihm Frauchen die Leine an, und schon drängelt Bailey aufgeregt Richtung Ausgang. Nichts da, Bailey wird zurückgeschoben. Jetzt hat er verstanden. Nach knapp 10 Minuten liegt Bailey samt Leine bei offener Tür völlig entspannt in seiner Box. Jetzt darf er aussteigen. Mit einem sülzigen »Ja, so ist es fein!!!« platzt es jetzt aus Frauchen heraus – ein Lob fürs Aussteigen. Oje, das war falsch, denn das macht Bailey sowieso zu gern!

VORSICHT, AUTO!

Der Vierbeiner hat keine Schuld

MEINE GÜTE, IST MEIN HUND DOOF, denkt Herrchen. Bello ist wieder einmal nicht von allein am Straßenrand stehen geblieben, obwohl das Auto schon zu hören und zu sehen war. Ist Bello wirklich zu dumm? Nein, Herrchen tut Bello unrecht. Ein Auto kann im Instinkt eines Hundes gar nicht als gefährlich verankert sein. Es ist ein lebloser, von uns hergestellter Gegenstand und gehört somit niemals zum Lebensraum eines hundeartigen Vierbeiners. Hat der Hund aber schlechte Erfahrungen damit gemacht, weil er beispielsweise angefahren wurde, wird er Autos gegenüber eher Meideverhalten zeigen. Trotzdem wird er aber vor dem Überqueren der Straße nicht schauen, ob ein Auto kommt, oder gar einschätzen können, wann die Straße gefahrlos zu überqueren ist. Die Verantwortung für die Verkehrssicherheit des Hundes liegt also beim Zweibeiner. Es gibt allerdings Hunde, die sich von klein auf vor Autos fürchten. Deshalb wissen sie jedoch nicht, dass sie überfahren werden könnten. Meist handelt es sich dabei um Hunde, die generell sensibel sind und denen alles Unbekannte Angst macht.

WARTEN IM AUTO

Diszipliniertes Ein- und Aussteigen

DER HUND STEIGT ALS ERSTER ins Auto ein und als Letzter aus. So vermeidet man gefährliche Situationen. Am besten lassen Sie dazu den Vierbeiner nach dem Aussteigen und vor dem Einsteigen sitzen. Gerade beim Aussteigen ist das besonders wichtig.

Wenn Sie Ihrem Hund die Erlaubnis zum Aussteigen geben, sagen Sie in dem Moment »Sitz«, in dem er Bodenberührung hat. Nicht etwa erst dann, wenn er schon draußen ist und an der Leine beispielsweise bis auf die Straße gelangen kann. Lassen Sie Ihren Hund grundsätzlich die Übung »Sitz« ausführen, ganz gleich, wo Sie parken. Ist Bello dieses Prozedere in Fleisch und Blut übergegangen und befolgt er das Sitzen zuverlässig, ist es auch kein Beinbruch, wenn Sie die Leine gerade nicht griffbereit haben. Beginnen Sie mit dem Sitzen am Auto, sobald Ihr Vierbeiner das »Sitz« zuverlässig beherrscht.

MIR IST SPEIÜBEL

Die Reisekrankheit überwinden

OJE, BELLO MACHT MERKWÜRDIGE Geräusche, und schon landet die letzte Mahlzeit im Auto. Das hat schon so mancher frischgebackene Welpenbesitzer erlebt. Viele Hunde haben von Anfang an keine Probleme mit dem Autofahren, andere schon. Auch wenn der Züchter mit den Kleinen schon die eine oder andere Autofahrt unternommen hat, kann es sein, dass der Gleichgewichtssinn des Welpen noch nicht so gut damit zurechtkommt. Dann ist es angesagt, in der ersten Zeit nur kurze Fahrten bei moderatem Fahrstil zu unternehmen. Manchmal hilft es auch, den Welpen innerhalb des Autos an einem anderen Platz unterzubringen. So wird Welpen im Heck eines Kombis häufig eher übel als im Fußraum des Beifahrersitzes. Probieren Sie es aus.

Füttern Sie einen empfindlichen Hund nicht zu knapp vor einer längeren Fahrt, denn ein voller Magen erhöht das Risiko einer unplanmäßigen Entleerung sehr. Zum Glück gibt sich die Reiseübelkeit meist bald. Manchmal aber auch nicht. Fragen Sie dann Ihren Tierarzt nach einem geeigneten Medikament. Hat der Vierbeiner schon mehrmals im Auto erbrochen, kann es sein, dass er durch diese negativen Erlebnisse schon Anzeichen von Übelkeit zeigt und wie ein Häufchen Elend sabbernd im Auto sitzt, obwohl dieses noch gar nicht fährt. Um Bello zu desensibilisieren, setzen Sie ihn einfach ins geparkte Auto und warten. Irgendwann beruhigt und entspannt er sich. Machen Sie das so oft, bis er keinerlei Anzeichen mehr von Stress oder Übelkeit zeigt. Bis dahin sollten Sie aber nirgends mit ihm hinfahren. Vielleicht ist allein dadurch der ganze Übelkeitsspuk schon Geschichte.

DER AUTO-KLÄFFER

Das geht ans Nervenkostüm

BELLO MERKT, dass es Richtung Hundewiese geht, und fängt im Auto in freudiger Erwartung zu bellen an. Andere Vierbeiner kläffen, sobald sie zum Beispiel einen Artgenossen draußen sehen. Solange sich Bello hin und wieder lautstark meldet, ist es noch tolerabel. Wenn es aber zum Dauerzustand wird, stört das erheblich. Es kann auch die Konzentration des Fahrers beeinflussen.

Reagiert der Hund auf Dinge, die er draußen sieht, hilft es am besten, ihm die Sicht zu nehmen. Das klappt super mit einer Hundebox, über die man – wenn nötig – noch eine Decke oder Plane hängen kann. Bellt der Vierbeiner in freudiger Erwartung des Ausflugsziels, ist es wichtig, den Hund stets erst dann aus dem Auto zu lassen, wenn er einige Momente ruhig war. Egal, wie lange das dauert. Nehmen Sie sich unbedingt genügend Zeit dafür. Auf diese Weise verknüpft der Hund »Stumm = Aussteigen« und wird aus seiner Sicht nicht immer wieder darin bestärkt, dass er dann das Auto verlassen darf, wenn er nur lange genug bellt.

WISSEN EXTRA

Gelenke schonen

Welpen und Junghunde haben noch weiche Knochen. Deshalb sollten sie vor allem nicht aus dem Heck des Autos herausspringen. Das kann den Gelenken schaden. Besonders dann, wenn der Hund eventuell eine Veranlagung zu Hüftgelenks- oder Ellenbogendysplasie hat, was man in diesem Alter aber noch nicht wissen kann. Sagen Sie stets Ihr Aussteigesignal, wenn Sie den Kleinen herausheben. Spielzeug für den Youngster nur so einsetzen, dass er nicht danach in die Höhe springen muss. Auch Spaziergänge, also dauerndes Laufen, passen Sie dem Alter an. Beim Welpen beginnen Sie den Ausflug mit ein paar Minuten und steigern ihn im Junghundealter allmählich bis auf eine Stunde am Stück. Wenn es mal etwas länger wird, ist es aber kein Beinbruch.

Befolgt der Vierbeiner normalerweise zuverlässig ein Abbruchwort, wie zum Beispiel ein knurriges »Nein«, dann können Sie es auch hier mit Erfolg zum Einsatz bringen.

Protestiert er, wenn Sie aussteigen, darf der Vierbeiner sein Bellen nicht mit Ihrer Rückkehr verknüpfen. Solange er bellt, bleiben Sie vom Auto weg. Falls Sie in Sichtweite sind, bleiben Sie mit dem Rücken zum Hund stehen. Erst wenn der Vierbeiner ruhig ist, bewegen Sie sich in Richtung Auto. Sobald er erneut zu bellen beginnt, kehren Sie um, gehen wieder weg und bleiben mit dem Rücken zum Hund stehen. Irgendwann können Sie zum Auto gehen, und der Vierbeiner »hält die Klappe«. Richtiges Timing und Durchhaltevermögen sind auch in diesem Fall wichtige Garanten für einen Erfolg (→ Ich will sofort raus, Seite 110).

DIE »ZUGMASCHINE«

Zerren an der Leine gibt's nicht

DER SPAZIERGANG KÖNNTE so schön sein – wenn Bello nicht immer wie eine Dampflok an der Leine zerren würde. Bei kleinen Hunden ist das noch auszuhalten, aber jenseits der 20, 30 Kilogramm wird es sehr mühsam, und Schulterprobleme lassen grüßen. Ist es Winter und draußen auch noch glatt – dann guten Flug …

Zerren gehört zu den Verhaltensweisen von Vierbeinern, die ihre Besitzer verständlicherweise am meisten nerven. Den Hund scheint es dagegen nicht die Bohne zu stören. Doch warum macht der Vierbeiner das? Aus dem gleichen Grund, weshalb er auch vieles andere tut – weil er damit sein Ziel erreicht. Vielleicht nicht immer, aber doch häufig. Der Zweibeiner ist sich dessen oft gar nicht bewusst.

Es geht Richtung Freilaufgelände. Bello kann es gar nicht erwarten und hängt sich in die Leine. Bellos Herrchen wird immer schneller, denn er mag das Gezerre nicht, und je früher er Bello ableinen kann, desto besser. Außerdem tut ihm sein Hund leid, denn das Zerren kann nicht gut für Bello sein. Vor allem soll er nicht so lange warten müssen, bis er endlich toben kann. Er freut sich doch so darauf, und Herrchen schaut ihm so gern beim Spielen zu. So sieht es der Mensch. Und wie sieht es der Hund?

Je mehr ich zerre, umso schneller komme ich an mein Ziel. Also volle Pulle rein in die Leine!

Im Alltag wird der Hund häufig und oft unbewusst fürs Zerren belohnt. Er zieht zu einer Duftmarke, nach Hause, möchte einen Artgenossen oder einen Menschen begrüßen, sieht ein Stöckchen liegen usw., usw. Beobachten Sie sich einmal kritisch. Wie oft gehen Sie letztlich mit, wenn Ihr Vierbeiner zieht? Und warum eigentlich?

Oft deshalb, weil der Zweibeiner Bello jede Freude gönnen möchte und sich schlechtes Gewissen breitmacht, wenn Bello etwa den entgegenkommenden Artgenossen an der Leine nicht »begrüßen« darf. Jedes Mal, wenn Bello so ans Ziel gelangt, bestärkt ihn das darin, es bei nächster Gelegenheit wieder zu tun. Also heißt es umdenken. Ab sofort gilt: Strafft sich die Leine, kommt Bello keinen Zentimeter mehr vom Fleck. Vielleicht ahnen Sie es schon: Vor allem Zeit, Geduld und Ausdauer sind jetzt gefragt. Es gibt zwei Möglichkeiten, Bello das Zerren abzugewöhnen.

Bleiben Sie jedes Mal in dem Moment abrupt stehen, wenn sich die Leine gerade strafft. Warten Sie dann, ohne etwas zu sagen, bis der Vierbeiner irgendetwas tut, wodurch die Leine wieder locker ist. Vielleicht geht er einen Schritt zurück oder dreht sich um oder setzt sich. Egal, sobald die Leine durchhängt, gehen Sie weiter. Anfangs müssen Sie womöglich zwei Schritte später schon wieder stehen bleiben, wenn der Hund erneut zerrt.

Eine andere Möglichkeit ist, kurz und unbedingt bevor sich die Leine strafft

NÜTZLICHES REZEPT 18

AM OUTFIT ERKANNT

Dauerkläffen durch Vorfreude

Bellt der Vierbeiner im Auto nur dann, wenn er schon an Ihrem hundetauglichen Outfit erkennt, dass Tobewiese, Training oder ähnlich Tolles auf dem Programm stehen? Dann machen Sie in diesem Outfit eine Zeit lang unspektakuläre Touren mit Ihrem vierbeinigen Liebling. Also rein ins Auto, eine Zeit lang fahren und wieder zu Hause ankommen. Dabei reden Sie nicht mit dem Hund und verhalten sich auch sonst relativ gelangweilt. Die Hunde-Fahrten absolvieren Sie in nächster Zeit am besten in unterschiedlichen, unauffälligen Outfits.

auf dem Absatz abrupt kehrtzumachen, sich also um 180 Grad zu drehen, und zügig in die andere Richtung weiterzugehen. Bleiben Sie auch hier »stumm«. Der Vierbeiner merkt nicht nur, dass er nicht vorwärts kommt, sondern auch, dass es unangenehm wird, wenn er nicht darauf achtet, wohin Sie gehen.

Setzt er auch in der neuen Richtung wieder zum Zerren an, kehren Sie erneut abrupt um. Erst wenn er an lockerer Leine mitläuft, setzen Sie Ihren Weg in der gewünschten Richtung fort – solange der Hund nicht wieder zerrt. Es versteht sich von selbst, dass Sie keinem noch so kleinen Zerren an der Leine mehr nachgeben dürfen. Je genauer Sie arbeiten, umso größer ist der Erfolg, und umso rascher stellt er sich ein. Das tut Ihnen und Ihrem Vierbeiner gut!

Es ist Welpengruppenstunde. Die Kleinen lernen gleich am Anfang zu akzeptieren, dass Artgenossen in einigen Metern Entfernung sind, sie aber nicht zueinanderdürfen. Dazu bleiben die Besitzer samt ihren Hundekindern mit genügend Abstand einfach stehen, sagen nichts und tun nichts, außer nicht mitzugehen, wenn der Welpe Richtung Nachbar zerrt. Eine Besitzerin geht aber trotz ausführlicher Erklärung ein, zwei Schritte mit. Darauf aufmerksam gemacht, ist sie erstaunt, denn sie hat das gar nicht gemerkt! Schon nach wenigen Minuten bleibt jeder Welpe bei seinem Menschen und zerrt nicht mehr. Die Youngster haben die Erfahrung gemacht, dass Zerren nichts bringt, und verschwenden keine Energie mehr darauf. So weit, so gut. Über so manchem Besitzer schwebt jedoch eine unsichtbare Sprechblase, in der steht: »Och, die armen Welpen würden jetzt viel lieber spielen, und das wäre doch so nett für die Kleinen.« Am Ende der Welpenstunde verlassen alle das Gelände. Zwei der Welpenbesitzer unterhalten sich noch bei den Autos. Die Welpen ziehen zueinander, und die Besitzer gehen mit: »Jetzt lassen wir sie aber kurz zusammen. Dann können sie noch eine Weile zusammen Spaß haben.« Und schon siegt falsch verstandenes Verwöhnaroma wieder einmal über das Lernziel, und das vorher Geübte ist mit einem Schlag dahin …

ICH BIN DANN MAL WEG

Maßnahmen für »Schwerhörige«

EIN SPAZIERGANG MACHT viel mehr Spaß, wenn der Hund frei laufen kann. Doch der Spaß ist rasch vorbei, wenn man dauernd schauen muss, wo denn der Schlingel wieder ist. Zieht er zu große Kreise, ist er schnell außerhalb Ihres Einwirkungsbereichs, selbst wenn er auf Ruf kommt. Denn das nützt wenig, wenn er danach gleich wieder zu weit weg flitzt. Deshalb sollte der Hund von sich aus in einem engeren Radius um Sie herum bleiben, aber natürlich trotzdem, wenn nötig, auf Ruf herbeieilen. Doch warum ist das oft nicht der Fall?

Zum einen ist das Typsache. Hunde, die sich selbst genug sind, verhalten sich eigenständiger als solche, die mehr an ihrem Menschen »kleben«. Aber meist sind noch andere Faktoren im Spiel. Weiß der Vierbeiner etwa genau, wo es hingeht, oder sagen Sie ihm stets, wenn Sie eine andere Richtung einschlagen, muss er sich nicht an Ihnen orientieren. Ebenso wenig, wenn Sie immer auf ihn warten, zum Beispiel wenn er schnüffelt oder mit einem Artgenossen spielt. Je sicherer er sich Ihrer ist, umso weniger muss er von sich aus tun, den Anschluss zu halten. Möchten Sie das ändern, drehen Sie den Spieß um. Ziel ist es, dass Sie entspannt spazieren gehen können und Ihr Vierbeiner von sich aus in Ihrer Nähe bleibt. Tut er das nicht, sind Sie weg. Das wird ihm nicht gefallen!

Sie brauchen dazu ein gefahrloses Gelände, in welchem Sie die erste Zeit auf möglichst wenig Ablenkung wie etwa Spaziergänger treffen. Nehmen Sie sich keine feste Route vor, denn Sie müssen flexibel reagieren. Außerdem muss Ihr Hund Ihnen ansehen: »Ich gehe zielstrebig meinen Weg. Was du tust, ist mir egal.« Das tut er, wenn Sie entschlossen unterwegs sind, nicht stehen bleiben und sich höchstens unmerklich nach ihm umschauen. Jede andere Einstellung, wie etwa »Ob er jetzt auch wirklich mitläuft?«, drückt sich unweigerlich in Ihrer Körpersprache aus. Bello merkt feinste Nuancen. Und schon nimmt er Sie nicht mehr ernst.

Sie sind festen Schrittes zügig unterwegs. Anfangs kehren Sie wortlos auf dem Absatz um, sobald Bello an Ihnen vorbeimöchte. Später machen Sie das, wenn er vorausläuft, doch bevor er zu weit weg ist. Biegen Sie etwa auf einen anderen Weg ab. Er wird Ihnen folgen! Schnüffelt der Vierbeiner hinter Ihnen etwa an einer Duftmarke, gehen Sie sofort schneller, bis er wieder bei Ihnen ist. Anfangs lässt Bello sich vielleicht Zeit, weil er gewohnt ist, dass Sie warten. Merkt er aber verblüfft, dass Sie wirklich weg sind, wird er bemüht sein, Anschluss zu halten. Ist er wieder bei Ihnen, loben Sie ihn nicht. Seine Belohnung ist, dass er Sie wiedergefunden hat. Gehen Sie einfach weiter. Einen eigenständigen Hund füttern Sie vor dem Spaziergang nicht. Nehmen Sie Futter mit. Am Ende des Spaziergangs gibt es Happen.

Paula achtet nicht auf Frauchen. Die Hündin läuft zu weit voraus, bleibt zu weit zurück oder biegt ins Gebüsch ab. Dann bleibt Frauchen stehen, und jedes Mal folgt ein besorgtes »Paula?«, was für jene so viel heißt wie: »Eilt nicht, ich bin noch da.« Ein Trainingsspaziergang ist fällig. Paula wird abgeleint, und wir gehen flott los. Paula biegt ab. Schon beginnt Frauchen »Pau…«. Nein! Ruhe, und weiter! Es dauert etwas, da kommt Paula angerannt und düst vorbei. Also kehrt und zügig weg. »Pau…« Nein, nicht rufen! Stumm weitergehen! Und Paula kommt wieder von selbst! Sie ist zunehmend verblüfft. Frauchen ist lautlos weggegangen? Da muss man ja selbst aufpassen! Nach 20 Minuten bleibt Paula ohne jegliche Ansage in direkter Nähe ihrer positiv überraschten Besitzerin.

NÜTZLICHES REZEPT 19

NOTLÖSUNG

Verschiedene Leinen

Wer unter Zeitdruck samt Hund zu Fuß von A nach B muss und dabei nicht auf die lockere Leine achten kann, kann sich mit einem Trick helfen. Bekommt der Hund für solche Strecken statt Halsband ein Brustgeschirr angelegt (oder auch umgekehrt), lernt er zu unterscheiden, wann lockere Leine angesagt ist und wann nicht. Wichtig ist aber, dass solche »Zerr-Strecken« die Ausnahme bleiben und überwiegend gezielt am Gehen an lockerer Leine gearbeitet wird (→ Seite 115).

OHREN AUF DURCHZUG

Ich komme, wann ich will

IGNORIERT BELLO DEN RÜCKRUF, ist das für den Zweibeiner meist Frust pur. Denn in aller Regel wird der Hund nicht zum Spaß gerufen, sondern weil er sich von etwas fernhalten soll. Bellos Ungehorsam kann dann durchaus unerfreuliche Folgen haben. Doch auch bei diesem Problem ist oft vieles hausgemacht. Es gibt ein paar typische, sehr häufige Fehlerquellen. Falls Ihr Vierbeiner also nicht auf Sie hört, denken Sie nach, ob der eine oder andere Punkt auf Sie zutrifft. Wenn ja, arbeiten Sie an der betreffenden »Problemzone«, und Sie werden sehen, es klappt gleich besser mit dem Kommen.

Eine sehr häufige Ursache ist der fehlende oder falsche Aufbau des Rückruftrainings. Man ruft den Hund draußen, womöglich noch unter Ablenkung, ohne dass er zuvor überhaupt lernen konnte, was ein »Hier«, »Komm« oder ein Pfiff bedeutet. Also kann der Vierbeiner gar nicht darauf hören. Suchen Sie sich ein neues Wort oder einen anderen Pfiff aus und bauen Sie die Übung neu auf. Üben Sie ohne jegliche Ablenkung und

zunächst nur zu Hause. Entfernen Sie sich samt einem leckeren Happen oder dem Lieblingsspielzeug flott ein paar Meter von Ihrem Hund, während ihn ein Helfer am Halsband hält. Bello sieht Sie weglaufen, das spornt ihn an. Nun lässt der Helfer den Hund los. Während der Hund auf Sie zuläuft, rufen Sie deutlich Ihr Komm-Signal. Bei Ihnen angekommen, winkt natürlich eine tolle Belohnung. Üben Sie das ein paar Mal täglich an unterschiedlichen Stellen im Haus und im Garten und nach einiger Zeit ohne vorheriges Festhalten.

Erst wenn der Vierbeiner stets sofort kommt, üben Sie unterwegs. Verwenden Sie das Kommando während der nächsten Wochen nur, wenn Sie sicher sind, dass der Hund auch kommt. So kann er es verknüpfen.

Ein weiteres verbreitetes Problem ist das Fehlen eines konkreten Komm-Signals. Da heißt es einmal »Jetzt komm« oder »Schnell hierher« und dann wieder anders. Damit kann Bello nichts anfangen. Hier hilft nur der systematische Aufbau mit einem neuen, immer gleichen Komm-Signal.

Was machen Sie, wenn Sie den Vierbeiner rufen? Laufen Sie ihm nach, um Ihrem Ruf Nachdruck zu verleihen? Diese Rechnung geht meist nicht auf. Denn entweder flüchtet der Hund vor Ihnen, oder er denkt sich: »Super, Frauchen läuft auch in diese Richtung, dann müssen wir dahin.« Oder bleiben Sie stehen, rufen mehrmals und warten auf ihn? Dann muss er sich nicht sputen, er hört und sieht Sie ja. Nichts wie weg, lautet daher die Devise! In diesem Fall laufen Sie in die entgegengesetzte Richtung. Vor allem, wenn Ihr Hund auch sonst gewohnt ist, von sich aus Anschluss zu halten, wird er spätestens jetzt auf Ihr Komm-Signal hören und Ihnen folgen.

Eine weitere Fehlerquelle ist falsches Timing. Läuft der Vierbeiner ein Stück voraus und sieht etwas, was ihn nicht zu interessieren hat, heißt es, rasch reagieren. Rufen Sie ihn in dem Moment, in dem er das Verbotene wahrgenommen

hat. Sie sehen das schon früh an den aufgestellten Ohren und der gespannten Körperhaltung. Rufen Sie dagegen erst, wenn sich der Hund schon länger darauf konzentriert hat oder gar schon dorthin unterwegs ist, ist die Chance, ihn zurückzuholen, wesentlich geringer.

Ärgerlich ruft Herrchen zum wiederholten Mal, doch Bello hört nicht. Erst verspätet kommt er zurück, Herrchen kocht, und es setzt eine ordentliche Standpauke. Wird Bello in Zukunft sofort hören? Leider nicht. Denn er verknüpft die Standpauke mit seiner Ankunft bei Herrchen. Also wird er sich das mit dem Kommen in Zukunft noch länger überlegen. Bei verzögertem Kommen atmen Sie tief durch und haken die Sache ab. Rügen lässt sich allenfalls, wenn der Hund statt zu kommen etwa schnüffelt. Hört er damit auf, rufen Sie ihn gleich noch mal.

NÜTZLICHES REZEPT 20

FRÜH BEGINNEN

Welpen lernen schnell

Anschluss zu halten, lernen Welpen durch ihren angeborenen Folgeinstinkt besonders leicht. Tragen Sie den Kleinen in geeignetes und abwechslungsreiches Gelände. Setzen Sie ihn auf den Boden und gehen Sie los. Ändern Sie immer wieder einmal ohne Ankündigung die Richtung. Lassen Sie ihn nicht vorauslaufen! Kehren Sie rechtzeitig um. So lernt er, von sich aus zu schauen, wo Sie sind. Beim Welpen reichen je nach Alter 5 bis 15 Minuten Training pro Tag.

Rufen Sie Ihren Vierbeiner immer nur, wenn Gefahr im Verzug ist? Dann hat er gelernt, erst mal die Umgebung zu scannen, um zu sehen, was er denn jetzt wieder verpasst, wenn er gehorcht. Rufen Sie ihn daher immer wieder einmal einfach so. Für einfaches Kommen reicht eine einfache Belohnung, für anspruchsvolles Kommen – wenn beispielsweise der »Erzfeind« in Sichtweite ist – gibt es besondere Happen, auch mal mehrere auf einmal.

Frauchen hat das Kommen mit der Hundepfeife sehr schön mit Klein Maxi geübt. Das ist gut, denn heute hat das Hundekind in der Welpengruppe eine schwierige Aufgabe zu bewältigen! Eine Person beschäftigt sich mit Klein Maxi, spielt mit ihr und lenkt sie mit Leckerchen ab. Sie darf daran knabbern und lecken, gefüttert wird sie von der fremden Person aber nicht. Maxi findet das trotzdem toll und begrüßt die Person freudig. Frauchen geht währenddessen ein ganzes Stück weg und pfeift dann mit der Hundepfeife. Ohne zu überlegen lässt Maxi Mensch samt Leckerchen links liegen und rennt mit fliegenden Öhrchen zu Frauchen, wo eine Ladung besonders leckerer Belohnungshäppchen wartet. Die hat sich das Hundekind aber auch wirklich verdient!

WISSEN EXTRA
Beziehung und Gehorsam

Ohne intakte Mensch-Hund-Beziehung kann kein Gehorsam funktionieren. Nur wenn Sie Ihrem Hund ein **guter Teamleiter** sind und er Sie deshalb respektiert und sich auf Sie verlassen kann, wird er »einsehen«, dass er zum Beispiel auf Ruf kommen muss. Ist das nicht der Fall, wird er Ihnen spätestens bei der Wahl zwischen Kommen und **einer reizvollen Alternative** den »Stinkefinger« zeigen. Was einen guten Teamleiter ausmacht, haben Sie bereits im ersten Kapitel gelesen. Ein systematischer **Aufbau der Übungen** ist selbstverständlich ebenso notwendig, damit der Vierbeiner genau lernen kann, was er zu tun hat. Stimmt es zwischen Ihnen und dem Vierbeiner, wird er dabei aufmerksam mitmachen und sich gern an Ihnen orientieren.

FANG MICH DOCH

Du erwischst mich nicht

WAS FÜR EIN TOLLES SPIEL: Bello kommt zwar auf Frauchens Zuruf, aber nur so weit, dass er gerade noch seinen Belohnungshappen erwischt. Anschließend springt er um Frauchen herum, und sein Blick sagt deutlich: »Ätsch, du erwischst mich nicht, solange ich das nicht will.« Je öfter das klappt, umso routinierter wird der Vierbeiner in seiner Strategie. Die Ursachen liegen auch hier wieder einmal beim Zweibeiner, und zwar in dessen Körpersprache.

Vielleicht greifen Sie, wenn der Vierbeiner kommt, gleich nach seinem Halsband oder Geschirr, womöglich auch noch hektisch und von oben. Weil das kein Hund toll findet, weicht er aus und bleibt auf Abstand.

Wo bekommt er die Belohnung für das Kommen? Dicht an Ihrem Körper, oder strecken Sie ihm den Arm entgegen? Falls Punkt zwei zutrifft, dann bremst der Hund ja schon ein ganzes Stück vor Ihnen ab und ist damit sowieso schon außerhalb Ihrer Reichweite. Was so manchen Hundehalter dazu veranlasst, überfallartig nach Bello zu greifen, nachdem dieser den Happen gefressen hat. Woraufhin der Hund aber verständlicherweise erst recht ausweicht. Wie Sie sehen, ist auch die Reihenfolge von Fressen und Festhalten eine weitere, sehr häufige »Baustelle«.

Damit es für den Hund normal wird, nach dem Kommen bei Ihnen zu bleiben und sich auch festhalten zu lassen, wird die Belohnung damit verknüpft. Der Hund kommt zu Ihnen, bekommt dicht an Ihrem Körper die Belohnung und wird – jetzt Achtung! –, während er frisst, mit der anderen Hand von der Seite oder von unten an Halsband oder Geschirr genommen. Kann er schon die Übung »Sitz«? Dann lassen Sie ihn, nachdem er den Happen gefressen hat und ohne dass Sie ihn loslassen, sitzen und leinen ihn an. Ist der Schüler noch jung oder frisch in der Ausbildung, winkt auch für das Sitzen eine Belohnung. So verknüpft er sowohl das Festhalten als auch das Bleiben bei Ihnen positiv. Die Kunst dabei ist, weder hektisch zu werden noch zu langsam zu reagieren, sondern entspannt, aber bestimmt zu bleiben.

Bleibt der Vierbeiner auf Entfernung zu Ihnen, prüfen Sie Ihre Körperhaltung. Beugen Sie sich vielleicht nach vorne oder gehen gar auf den Hund zu? Beides wirkt eher bedrohlich auf viele Hunde. Gehen Sie vor allem bei jungen Hunden besser in die Hocke oder bewegen Sie sich ein Stück rückwärts.

Wenn alle zuvor genannten Maßnahmen nicht helfen, dass der Hund nahe genug zu Ihnen kommt, befestigen Sie am Halsband oder Geschirr eine etwa zwei Meter lange dünne Leine oder ein ebenso langes Stück dünnes Seil, das der Hund einfach hinter sich herzieht.

Ans Ende machen Sie einen dickeren Knoten (keine Schlaufe, sonst besteht Verletzungsgefahr). Wenn der Hund kommt, haben Sie mit dieser Leine eine Bremsmöglichkeit oder können verhindern, dass der Vierbeiner »unerreichbar« wird. Treten Sie, sobald er in Ihrer Nähe ist, entweder auf die Leine oder nehmen Sie das Ende mit der Hand auf. Danach machen Sie weiter, wie vorher beschrieben. Hat Bello dauerhaft keinen Erfolg mehr mit Ausbüxversuchen, wird er es auch nicht mehr versuchen.

DIE STINKBOMBE

Wenn halb verweste Fische locken

DER SCHÖNE SPAZIERGANG ist fast zu Ende, das Auto schon in Sichtweite. Da wirft sich Bello enthusiastisch in die einzige Schlammpfütze weit und breit oder wälzt sich inbrünstig auf einem toten Frosch. Guter Rat ist teuer, wenn sich jetzt kein klares Wasser in der Nähe befindet oder man kein Handtuch im Auto hat. Wobei Letzteres bei toten Fröschen und ähnlich leckeren Dingen nicht wirklich helfen würde … Nun, auch wenn wir die Nase rümpfen – für Hunde sind solche »Wellness-An-

wendungen« ganz normal. Zumindest für etliche Vierbeiner. Aber nicht jeder Vierbeiner neigt dazu, sich in zweifelhaften Überresten und Hinterlassenschaften zu wälzen oder in Schlammpfützen zu suhlen. Zwar ist Wasser in jedem Zustand für die meisten vierbeinigen Wasserratten unwiderstehlich Doch warum sich Hunde in stinkendem Unrat wälzen, ist nicht genau erforscht.

Beeinflussen lässt sich solches Verhalten nur durch Gehorsam und, wieder einmal, richtiges Timing. Wenn Sie eine Schlammpfütze sehen und nicht wollen, dass Bello jetzt darin badet, holen Sie ihn einfach rechtzeitig zu sich. Was rechtzeitig bedeutet, ist abhängig davon, ab wann Ihr Hund zum Durchstarten ansetzt. Es kann also durchaus sein, dass Sie ihn schon 50 Meter vorher bei sich behalten müssen. Im Hinblick aufs Wälzen haben Sie nicht so viel Vorlauf, denn wir Zweibeiner sehen und riechen das Objekt der Begierde selten rechtzeitig. Sobald Sie mitbekommen, dass Ihr Hund zielstrebig genüsslich am Boden schnüffelt und sich in Schräglage begeben will, müssen Sie schnell reagieren. Ein knurriges »Nein«, das gewohnte Verbotswort oder der rasch aus der Tasche gezauberte Lieblingsball können jetzt noch helfen. Erste Wahl ist aber ein zuverlässiger Rückruf, der auch in Konkurrenz mit einer derart reizvollen Ablenkung klappt. Darauf können Sie dann wirklich stolz sein! Ist das Malheur passiert, hilft Schimpfen nicht. Im Zweifelsfall bleibt nur die Reinigungsaktion zu Hause. Je nach Art der »Wellness-Anwendung« können einige Waschgänge mit einem speziellen Shampoo für Hunde nötig sein, bevor der Vierbeiner wieder weitestgehend geruchsneutral ist.

So ein schöner Spaziergang! Hoppla, was macht Momo da? Sie legt sich in das Gras neben dem Ufer des Weihers? Nein, sie wälzt sich! Frauchen eilt hin – zu spät. Momo liegt genüsslich mittendrin im halb verwesten Fisch. Mangels einer geeigneten Bademöglichkeit verfrachtet Frauchen ihre stinkende Momo ins Auto, und nichts wie heim. Während der 10-minütigen Autofahrt versucht Frauchen, den permanenten Brechreiz zu unterdrücken und so wenig wie möglich zu atmen …

NÜTZLICHES REZEPT 21

EINFANGTRICKS

... für notorische Flüchtlinge

Die Anti-Fang-mich-doch-Strategien wie etwa die dünne Schnur am Halsband (→ Fang mich doch, Seite 123) wirken auch bei anderen Problemen in Verbindung mit dem Kommen. Zum Beispiel, wenn der Hund zwar kommt, aber an Ihnen vorbeiläuft oder zu weit vor Ihnen stoppt. Auch falls es Sie vielleicht schon nervt – überprüfen Sie unbedingt den Übungsaufbau, Ihre Körpersprache und Ihr Mensch-Hund-Team im Allgemeinen.

PFUI TEUFEL!

»Leckeres« vom Wegesrand

MUTIERT BELLO ZUM LEBENDEN Müllschlucker, graust es den Zweibeiner. Zu Recht, denn meist ist das, was Bello besonders lecker findet, für uns nur eklig. Die Vorstellung, dass Bello einem übers Gesicht leckt, nachdem er sich etwa ein Katzenhäufchen einverleibt hat – igitt! Solche Vorlieben können durchaus gefährlich werden, weil nicht alles, was Bello frisst, für ihn genießbar ist. Vor allem junge Hunde finden alles Mögliche am Wegesrand besonders lecker. Das legt sich zwar meist von selbst wieder. Manchmal sind aber auch erwachsene Hunde noch recht eifrig in dieser Richtung tätig.

Auch hier heißt es, unerwünschte Erfolge des Hundes zu vermeiden. Reagieren Sie, bevor der Hund die zweifelhafte Leckerei im Maul hat. Bei leicht zu beeinflussenden Vierbeinern kann ein knurriges, deutliches Räuspern genügen, sobald Sie dem Hund ansehen, dass er etwas in der Nase hat. Bei »härteren« Hunden braucht es dazu oft noch einen Schreckreiz. Da tut es dann auch eine Handvoll Erde, die sein Hinterteil trifft.

Unterbricht er sein Tun, kommt sofort Ihr »Hier« und anschließend natürlich eine Portion Belohnungshappen.

Gezielt üben können Sie, wenn Sie das Überraschungsmoment ausschalten. Sammeln Sie dazu ein paar für Bello reizvolle »Köder«, die Sie vor dem Spaziergang an einigen Stellen, die Sie sich genau merken, auslegen. Je nachdem, wie Sie sich und den Hund einschätzen, lassen Sie ihn an der Leine oder frei laufen. Er darf jedoch keinen der Köder erwischen! Oder führen Sie ihn zu jedem der Köder und lassen Sie ihn dort sitzen. Für jedes Sitzen gibt es wechselnde Superbelohnungen! So könnte es gelingen, dass der Vierbeiner sich bei jedem Unrat setzt, statt ihn zu fressen. Dann bringen Sie ihm jedes Mal gleich seine Belohnung! Günstig ist es außerdem, Bello unterwegs genügend zu beschäftigen.

Meiden Sie besonders »kontaminierte« Gebiete. So hat Bello während der »Umerziehung« keine unerwünschten Fress-Erfolge. In manchen »Härtefällen«, etwa bei notorischem Steinefressen, hilft ein Maulkorb schwere Gesundheitsschäden zu vermeiden. Eines sollten Sie nicht tun: auf den Hund zulaufen und schimpfen, wenn der den ekligen Happen schon im Maul hat. Der Vierbeiner lernt daraus meist nur, samt Beute das Weite zu suchen und schneller zu schlucken. Laufen Sie besser rasch weg oder locken Sie ihn mit Aussicht auf eine bessere Belohnung zu sich, um den Unrat zu tauschen. Oder stürzen Sie sich mit einem höchst spannenden »Ja was ist denn da« auf einen imaginären Punkt am Boden, aber nicht in Richtung Hund. So schaffen Sie es vielleicht, die Aufmerksamkeit des Hundes umzulenken, sodass er den Unrat fallen lässt und kommt oder ihn mitbringt. Beides wird natürlich belohnt!

Herrchen dreht mit Balou eine Runde. Plötzlich verschwindet Balou in der Wiese und schluckt rasch etwas. So ein Schlitzohr – und Herrchen hat wieder mal zu spät geschaltet! Egal, was es war, es ist jedenfalls schon gefressen und zu spät für eine Rüge. Auf der Heimfahrt hört Herrchen aus dem Heck plötzlich ein komisches Geräusch. Aha, Balou ist es übel, und das Gefressene tritt offenbar den Rückweg an. Zu Hause angekommen, öffnet Herrchen mit gemischten Gefühlen die Heckklappe und sieht die Bescherung – eine ganze, nicht mehr wirklich frische tote Ratte liegt neben Balou. Hoffentlich war das dem Vierbeiner wenigstens eine Lehre und für Herrchen ein Ansporn, sein Timing zu optimieren!

NÜTZLICHES REZEPT 22

DER IGNORANT

Wenn Frauchen Luft ist

Sind Sie Bello schnuppe, wenn Sie draußen etwas zusammen unternehmen? Dann heißt es: Gemeinsame Aktionen, die Bello zu Hause Spaß machen – wie etwa miteinander spielen –, gibt es künftig nur noch unterwegs. Schaltet Ihr Dickkopf auf Durchzug, wenn er zum Beispiel am Schnüffeln ist, Sie aber seine Aufmerksamkeit möchten? Dann labern Sie ihn nicht zu, sondern tippen auf seinen Kopf, zupfen ihn einmal im Fell oder geben ihm einen kleinen Schubs. Schaut er dann erstaunt auf Sie, folgt etwas wirklich Interessantes zur Belohnung.

DAS IST VIEL INTERESSANTER

Keine Lust zum Spielen

DA HAT MAN EXTRA BELLOS Lieblingsspielzeug dabei, um sich unterwegs mit ihm zu beschäftigen oder ihn von Joggern ablenken zu können, aber er interessiert sich nicht die Bohne dafür. Oder nur kurz und weil sich gerade nichts Interessanteres bietet. Auch wenn sich Frauchen noch so sehr zum Kasper macht, um Bello zu begeistern – alles bleibt vergebliche Liebesmüh, obwohl er sein Spielzeug zu Hause mag. Woran liegt das nur?

Häufig ist das Desinteresse des Hundes darauf zurückzuführen, dass er dieses Spielzeug und meist noch etliche andere immer zur Verfügung hat. Warum sollte er sich also ausgerechnet unterwegs damit beschäftigen, wo es diverse interessante Duftnachrichten zu lesen gibt, man Joggern hinterherjagen oder Spaziergänger verbellen kann? Denn das Spielzeug hat Bello ja immer, die anderen verlockenden Beschäftigungen jedoch nur draußen. Dann entscheidet man sich auch als Hund für das Interessante, aber nicht für das, was immer verfügbar ist. Hat der Vierbeiner zu Hause nicht nur das Spielzeug immer für sich, sondern wird womöglich rundum dauerbespaßt, ist er heilfroh, wenn er unterwegs einmal seine Ruhe hat und seinen Interessen nachgehen kann. Macht Frauchen dann auch noch den Kasper, ist Bello endgültig genervt und blendet sie aus. Hier hilft nur, das Lieblingsspielzeug ab sofort zu Hause im Schrank verschwinden zu lassen.

Auch das häusliche Animations- und Schmuseprogramm wird zurückgefahren, vor allem eine ganze Weile vor dem gemeinsamen Ausflug. Erlebt der Vierbeiner hier einen gewissen Entzug, bekommt die gemeinsame Beschäftigung unterwegs einen ganz anderen Stellenwert für ihn.

Ob Spielen unterwegs für den Hund eine Option ist oder nicht, ist natürlich auch Typsache. Nicht jeder Vierbeiner spielt gern und ausgiebig, mancher aber bis ins hohe Alter. Eventuell lässt sich ein vierbeiniger Spielmuffel aber wenigstens draußen durch die richtige Aufforderung überreden (→ Zum Spielen animieren, Seite 82, und Interesse wecken, Seite 84). Finden Sie heraus, was er am liebsten mit dem Spielzeug spielt – wie etwa es suchen oder aus dem Wasser holen.

DAVOR HABE ICH ANGST

Mit Angsthasen richtig umgehen

WENN DER VIERBEINER ANGST vor der Abfalltonne hat, die einmal in der Woche plötzlich dort steht, wo sonst nichts ist, oder er sich fürchtet, wenn ein Auto vorbeifährt, wird der tägliche Gassigang leicht zum Stress für Hund und Mensch. Vor allem dann, wenn dem Hund vieles in seinem Lebensumfeld Angst macht. Warum manche Vierbeiner Angsthasen sind und ob sie mehr oder weniger Angst haben, ist oft Typsache. Aber auch, wenn ein Hund isoliert aufgewachsen ist, kann er Ängste entwickeln. Bello fürchtet sich vor dem großen, lauten Müllwagen. Kein Problem, denkt Herrchen. Da stelle ich mich mit Bello direkt daneben, dann merkt er, dass ihm der Müllwagen nichts tut. Oje, ein solcher Crashkurs führt höchstens dazu, dass Bello noch mehr Angst bekommt. Gut, dann eben nichts wie raus aus der Situation? Aber auch das andere Extrem ist nicht das Mittel der Wahl. Denn so lernt Bello, dass er seine Angst und das Objekt durch Flucht loswird. Jetzt stellen Sie sich vor, er läuft unangeleint, und es kommt zum Beispiel ein Traktor über

WISSEN EXTRA

Einen Versuch wert

Der Grund, warum manche Hunde so versessen auf Unrat sind, ist nicht wirklich bekannt. Wenn der Vierbeiner aber Hinterlassenschaften von Artgenossen bevorzugt, kann es sein, dass ihm im Futter etwas fehlt. Eventuell hilft es, das Futter umzustellen.

Bei manchen Hunden bringt es etwas, ihnen hin und wieder ein Stück »stinkenden« Käse, zum Beispiel Handkäse, zu geben. Andere schwören auf frischen Pansen. Vielleicht hilft auch ein Präparat für die Darmflora. Hier ist also zusätzlich zu den erzieherischen Maßnahmen ein wenig Experimentieren angesagt. Fragen Sie aber auch Ihren Tierarzt dazu. Vielleicht hat er noch den einen oder anderen guten Tipp parat oder eine mögliche medizinische Ursache samt Behandlungsform im Kopf.

die Wiese. Bello erschrickt und flüchtet kopflos in Richtung Schnellstraße. Egal, ob ihm Geräusche, die er hört, oder Dinge, die er sieht, Angst machen, der Vierbeiner muss schrittweise in kleinen Dosen daran gewöhnt werden. Das kann dann folgendermaßen aussehen:

Loten Sie die Entfernung zum »gefährlichen« Objekt aus, in der Ihr Hund es zwar registriert, aber nur wenig angespannt ist. Bleiben Sie dort so lange stehen, bis der Hund möglichst ganz entspannt ist. Klappt das ein paar Mal, wird die Entfernung beim nächsten Mal etwas verringert. Auch dort bleiben Sie wieder so lange, bis Bello keinerlei Angst mehr zeigt. Je nach individueller Ausprägung der Angst geht das schneller oder kann länger dauern. So tastet man sich nach und nach an die Angstquelle heran. Das heißt nun nicht, dass aus jedem Angsthasen ein mutiger Held wird. Doch der ängstliche Vierbeiner kann in Zukunft vielleicht die Situationen, die ihm vorher Angst machten, zumindest leichter und stressfreier aushalten.

Wie immer ist auch hier Ihr eigenes Verhalten nicht unwichtig. Ein bedauerndes »Meine Güte, du Armer, du brauchst dich doch nicht zu fürchten« samt tröstendem Streicheln sagt Bello, dass es ganz richtig ist, Angst zu haben. Noch dazu, wenn Frauchen jetzt auch nicht gerade vor Sicherheit strotzt.

Wichtig ist, dass Sie bei Ihrem Hund sind. Wenn Sie sich dabei noch locker, entspannt und souverän verhalten, geben Sie dem vierbeinigen Angsthasen Sicherheit. Sie können zusätzlich auch versuchen, ihn mit seinem Lieblingsspielzeug zu locken. Oder ihn dazu motivieren, das »böse« Objekt mit Ihnen zu erkunden. Das ist dann gut möglich, wenn dem Vierbeiner beispielsweise eine Abfalltonne oder ein Strohballen auf der Wiese suspekt ist. Dabei gehen Sie selbst ganz locker dorthin und beschäftigen sich mit dem Ding. Sie können auch ein paar Leckerchen darauf deponieren. Natürlich so, dass Bello das mitbekommt. Er sollte dabei unangeleint oder an der lockeren Leine sein. Ziehen Sie ihn nicht unbewusst oder gewollt an straffer Leine dorthin! Sonst traut er sich gar nicht mehr.

Klein Aika traut sich in der Welpengruppe nicht so recht über das Kompostgitter zu gehen und bleibt an seinem Rand stehen. Dieser unbekannte Boden ist ihr nicht geheuer. Frauchen nimmt ein Leckerchen und hält es ihr direkt vor die Schnauze. Damit möchte sie Aika auf das Gitter locken. Die Leine hängt vollkommen locker durch, sie könnte auch ganz weg sein. Nach einigem Zögern setzt Aika eine Pfote auf das Gitter und bekommt sofort den Happen. Denn würde Frauchen das Leckerchen nun nicht geben, sondern wieder weiter weg halten, um Aika ein Stück auf das Gitter zu locken, würde das Hundekind der Mut schnell wieder verlassen. Rasch ein neues Häppchen in die Hand, Aika vertraut der eben gemachten Erfahrung, wagt sich ein Stück weiter auf das Gitter und wird wie-

der belohnt. So schafft sie es schließlich, alle Pfoten auf den ihr bis dahin unbekannten Boden zu setzen und ihr Leckerchen zu knabbern, während sie auf dem Gitter steht. Und siehe da, beim zweiten Durchgang läuft sie fröhlich auf das Gitter und freut sich auf ihre Happen!

DIE LAST MIT DER JAGDLUST

So wird Bello abgelenkt

KAUM VON DER LEINE, ist Bello auch schon unterwegs, um mit tiefer Nase den Boden nach verführerischen Wildspuren abzusuchen. Und sobald er eine Fährte gefunden hat, ist er weg. Oder er scannt die Umgebung, um ja keinen Hasen oder Jogger zu verpassen. Ist der Vierbeiner jagdlich passioniert, wird der tägliche Spaziergang oft wenig erfreulich. Jagdlust und Gehorsam halten sich meist nicht die Waage, und das »Hier« verhallt ungehört, sobald Bello auf dem Jagdtrip ist. Das Übel nimmt oft im Welpenalter seinen Lauf, wenn das putzige Hundekind tollpatschig Vögeln hinterherjagt. Gerade als Welpe lernt der Hund nachhaltig. Jetzt erlebt

er, dass Jagen einen Riesenspaß macht – selbst dann, wenn man nichts erwischt. Denn Jagen, egal ob Wild, Jogger oder Autos, ist selbstbelohnend – das Hinterherjagen an sich bereitet dem Hund wohlige Gefühle.

Nicht alle Vierbeiner haben gleich viel Jagdinstinkt. Ein Trugschluss ist es aber zu glauben, nur Jagdhunderassen hätten ihn. Um der Jagdlust entgegenzusteuern, ist es zunächst wichtig, den ungewollten Alleingängen einen Riegel vorzuschieben. Also bleibt Bello die nächste Zeit erst mal an der Leine, oder Sie verlegen den Spaziergang in wildfreies Gebiet. Parallel wird das Kommen am besten mit einer Hundepfeife gefestigt (→ Seite 27).

Kommt Bello auf die Pfeife hin herbei, erwartet ihn bei Ihnen eine echte

Alternative – etwa ganz besondere Leckerchen oder ein besonderer Lieblingsball. Diese besondere Belohnung gibt es ausnahmslos nur in Verbindung mit der Hundepfeife. Sonst verliert beides seine durchschlagende Wirkung.

Achten Sie unbedingt darauf, den Vierbeiner rechtzeitig zu rufen (→ Pfui Teufel, Seite 126). Gewöhnen Sie den Vierbeiner außerdem, falls noch nicht geschehen, mittels unangekündigtem Richtungswechsel daran, einen kleinen Radius um Sie einzuhalten (→ Ich bin dann mal weg, Seite 118). Ist Ihr Hund vielleicht mental unterfordert? Dann geben Sie dem Spaziergang eine Struktur.

Bauen Sie Gehorsams- und Geschicklichkeitsübungen ein: Balancieren über Baumstämme, Suchen von Leckerchen und Ball oder Apportierübungen für bringfreudige Hunde. So wird Ihr Hund seine Energie in geordneten Bahnen los. Trainieren Sie auch das Sitzen unter allen möglichen Ablenkungen. Etwa wenn der Ball am Hund vorbeirollt oder gar fliegt. So lernt der Vierbeiner, sich auch bei beweglichen Reizen zu beherrschen. Verfolgt Ihr Hund Jogger, dann üben Sie in der Nähe einer frequentierten Strecke. Belohnt wird der Hund, wenn er entspannt (!) sitzt und/oder seine Aufmerksamkeit auf Sie richtet.

NÜTZLICHES REZEPT 23

DIE HANDFÜTTERUNG

… hilft beim Gehorchen

Bei Problemen mit dem Kommen, Jagen, starker Unabhängigkeit oder zu großem Radius ist es oft sehr nützlich, den Vierbeiner stark von sich abhängig zu machen. Jeder Hund braucht Futter, deshalb ist die Handfütterung eine einfache und praktische Methode. Bello bekommt nach einem oder zwei Hungertagen nichts mehr aus dem Napf, sondern muss sich jeden Brocken durch Zusammenarbeit mit Ihnen verdienen. Möchten Sie etwa das Kommen fördern, bekommt der Vierbeiner seine Ration über den Tag verteilt immer nur dann, wenn er auf Ruf oder Pfiff sofort kommt. Behalten Sie die Handfütterung längere Zeit durchgehend bei, damit sich das entsprechende Verhalten genügend lange festigen kann. Bello muss Ihnen dabei nicht leidtun, weder der Fastentage noch des leeren Napfs wegen. Er überlebt es, versprochen!

DER EINSAME SPAZIERGÄNGER

… für Bello äußerst verdächtig

ENTSPANNT LÄUFT MAN durch die Natur – weit und breit kein Mensch. Oder doch? Ach, da kommt nur ein einzelner Spaziergänger. Und was macht Bello? Er stellt die »Bürste« auf und rennt wild bellend auf den erschrockenen Zweibeiner zu. Wie unangenehm! Komisch, in der Stadt, wo so viele Menschen sind, macht er das nie. Und genau das macht den Unterschied.

Viele Menschen in der Stadt sind für den Vierbeiner normal. Ein Gebiet wie etwa Wald und Feld aber ist »leer«. Hier ist die »Leere« für den Hund der Normalzustand. Ein einzelner Spaziergänger ist an diesem Ort auffällig und kann das Misstrauen des Vierbeiners wecken. »Kann« deshalb, weil nicht jeder Hund darauf reagiert. In aller Regel sind es unsichere Vierbeiner, denen so etwas suspekt ist und die den Auffälligen auf diese Weise beeindrucken und sich vom Leib halten möchten.

Teilweise ist das Verhalten entwicklungsbedingt. Dann tritt es während der Pubertät auf und legt sich mit der Zeit wieder. Rechnet ein sehr territori-

aler Vierbeiner ein bestimmtes Gebiet zu seinem Revier, etwa weil Sie immer dort spazieren gehen, kann er in einem einzelnen Passanten einen Eindringling sehen. Auf »fremdem« Boden verhält sich ein territorialer Hund dann allerdings neutral.

Aber ganz gleich, was der Grund ist – es kann nicht toleriert werden. Erfolge des Hundes zu vermeiden, ist auch hier das Mittel der Wahl. Fein raus ist man, wenn der Hund zuverlässig gehorcht. Dann kommt es nur noch darauf an, ihn rechtzeitig zu rufen. Rechtzeitig heißt in diesem Fall, wenn der Hund noch nicht durchgestartet ist! Also auf ideales Timing achten. Sobald Sie den Spaziergänger gesehen haben oder am Vierbeiner auch nur eine leicht erhöhte Aufmerksamkeit bemerken, heißt es rufen. Kommt Ihr Vierbeiner, leinen Sie ihn an. Das hat zwei Vorteile. Zum einen kann der Hund so nicht womöglich doch noch durchbrennen, zum anderen können Sie selbst dadurch cooler bleiben und müssen nicht angespannt darauf achten, ob Ihr Hund auch wirklich dableibt. Denn Ihr angespanntes Verhalten würde sich auf Bello übertragen. Gehen Sie jetzt zügig und mit Abstand so an dem Passanten vorbei, dass Sie sich zwischen Hund und Passanten befinden. Behalten Sie den Hund so lange an der Leine, bis der Passant weit genug weg ist, um Ihren Vierbeiner nicht doch noch zur Verfolgung zu animieren.

Liebt Ihr Hund seinen fliegenden Ball? Zeigen Sie ihm den schon beim Vorbeigehen und werfen Sie den Ball nach dem Ableinen in die dem Passanten entgegengesetzte (!) Richtung. Alternativ tun es auch ein paar fliegende Happen. So lenken Sie Bellos Aufmerksamkeit gänzlich um. Bei Vierbeinern mit »mobilem« Revier (→ Seite 59) soll-ten Sie die Spazierstrecken häufig wechseln, damit er sich nirgends »zu Hause« fühlt. Durchleuchten Sie aber auch das Zusammenleben mit dem Hund. Darf er zu Hause ungehemmt wachen? Also beispielsweise am Zaun jeden verbellen oder sich bellend durch die Tür quetschen, wenn jemand kommt. Hat er sein Bett in der Nähe der Eingangstür oder eines Fensters, aus dem er nach draußen sieht und bellt? Dann ändern Sie auch zu Hause etwas. Selbst wenn Ihr Hund einen ausgeprägten Wachinstinkt hat – es ist Ihre Aufgabe, die Oberkontrolle zu haben, nicht die seine.

DER KLEINE FLEGEL

… und wie er Manieren lernt

FRAUCHEN GEHT MIT BELLO aus dem Haus. Es dauert nicht lange, da beißt Bello in seine Leine und zieht daran, als wäre es ein Spielzeug. Das nervt und tut der Leine auf Dauer auch nicht gut. So mancher Zweibeiner ruft jetzt ärgerlich »Pfui, aus, hörst du jetzt auf« und zieht dabei den Arm, der die Leine hält, nach oben. Wodurch die noch straffer und Bello noch mehr zum Daranzerren und Danachspringen animiert wird. So fah-ren sich Mensch und Hund weiter hoch. Cool bleiben ist daher angesagt!

Bleiben Sie kommentarlos stehen, schauen Sie den Hund nicht an und lassen den Arm mit der Leine nach unten hängen. Das kann schon reichen, um Bello den Spaß an der Leine zu verderben. Reicht es nicht, lassen Sie die Leine fallen und treten mit dem Fuß darauf. Und zwar so, dass der Vierbeiner keinen großen Aktionsradius mehr hat. Auch dann wird das Leinenspiel bald langweilig. Falls Sie sicher sind, dass Ihr Hund nicht wegläuft, lassen Sie die

Leine einfach fallen und gehen weiter. Auch dann sind Sie ein Spaßverderber. Hört Bello mit seinem Tun auf, nehmen Sie die Leine kommentarlos auf und gehen wieder los. Sobald er erneut flegelt, wiederholen Sie Ihr Störmanöver.

Hilft das alles nichts, präparieren Sie die Leine auf der nahezu gesamten Länge mit einem schlechten Geschmack, etwa mit ein paar Spritzern Eau de Toilette, mit Sahnemeerrettich oder Ähnlichem. Eine weitere Alternative wäre die vorübergehende Verwendung einer Leine mit Kettengliedern. Die ist im Maul ziemlich unangenehm. So ist das Problem schnell gelöst. Überdenken Sie bei flegelndem Verhalten auch mal den restlichen Umgang mit dem Hund. Wahrscheinlich müssen Sie noch an Ihrer Führungsrolle feilen, damit der pu-

bertäre Jungspund Sie für voll nimmt. Trägt Ihr Verbeiner gern etwas im Maul, lassen Sie ihn seinen Ball tragen. Wenn Sie souverän genug sind, können Sie dem Youngster aber auch direkt zeigen, dass Sie flegelhaftes Benehmen nicht akzeptieren. Beginnt er damit, nehmen Sie ihn unter dem Kinn am Halsband und halten ihn einfach nur fest. Und zwar völlig stumm, ruhig, emotionslos und so lange, bis er sich ruhig verhält. Dann lassen Sie ihn los. Die Leine behalten Sie in der Hand. Fängt er wieder an, nehmen Sie ihn erneut am Halsband. Das muss rasch und ohne langes »Fangen« passieren. Nach einigen Malen hat Bello verstanden. Falls Bello »flegelt«, weil er wegen ständiger Unterforderung nicht weiß, wohin mit seiner Energie, müssen Sie in erster Linie daran arbeiten.

WISSEN EXTRA
Sozialisierung und Angst

Welpen machen sich weitgehend **in den ersten vier Lebensmonaten** ihr Bild von ihrem Lebensraum. Zeigen Sie dem Hundekind deshalb in diesem Alter, was zu seinem Leben bei Ihnen gehört. Etwa verschiedene Bodenbeschaffenheiten wie Fliesen, Teppichboden oder den Holzfußboden auf der Terrasse. Oder gehen Sie zu einer ruhigeren Zeit in die Stadt. Aber alles in Maßen und **nicht jeden Tag etwas Neues.** Viele Vierbeiner zeigen im Lauf ihrer Entwicklung vom Welpen zum erwachsenen Hund in verschiedenen Situationen Phasen von mehr oder weniger ausgeprägter Unsicherheit, die aber wieder vergehen. Bei Hunden **mit stabilem Nervenkostüm** und guter Sozialisierung treten diese Phasen schwächer oder gar nicht in Erscheinung. Vierbeiner, die generell vorsichtig sind, zeigen phasenweise deutliche Unsicherheiten.

VON HUND ZU HUND

Ausflüge mit dem Vierbeiner bringen es mit sich, dass man auch anderen Hundehaltern über den Weg läuft oder sich sogar zum gemeinsamen Spaziergang verabredet. Miteinander zu toben, macht den meisten Vierbeinern großen Spaß, und ihnen dabei zuzuschauen, ihren Zweibeinern ebenso. **Doch nicht immer sind Begegnungen mit Artgenossen die reine Freude. Mit etwas Voraussicht lässt sich aber so manches Problem vermeiden.**

MIT DIR TEILE ICH NICHT

Bello verteidigt sein Eigentum

FRAUCHEN WIRFT BELLO DEN BALL, und der bringt ihn begeistert zurück. Da kommt ein anderer Vierbeiner des Weges, der dem Ball ebenfalls sehr interessiert hinterherschaut. Wie schön, denkt Frauchen, dann können beide damit spielen! Gesagt, getan, der Ball fliegt, beide Hunde starten. Doch was ist das? Ein Knurren, und schon hat Bello den »Spielpartner« am Wickel. Das ist mein Ball, »sagt« er damit dem anderen deutlich. Zum Glück akzeptiert der das und macht sich vom Acker. Was ist passiert?

Manche Vierbeiner neigen dazu, »ihre« Sachen Artgenossen gegenüber deutlich für sich zu beanspruchen. Auch wenn sich Bello von Menschen alles problemlos wegnehmen lässt, kann das von Hund zu Hund ganz anders sein. Nicht nur Spielzeug gehört in diese Kategorie. Auch Futter und bisweilen sogar der eigene Besitzer können unter die Rubrik »persönlicher Besitz« fallen. Konflikte lassen sich aber vermeiden, wenn man ein paar Dinge beachtet.

Zeigt der eigene Hund entsprechendes Verhalten oder trifft man auf Vierbeiner, die man nicht kennt, verschwindet das Spielzeug in der Tasche. Auch die Leckerchen bleiben im Verborgenen. Und was ist, wenn man beiden Hunden gleichzeitig einen Happen gibt? Das sollten Sie unbedingt vermeiden! Ist einer futterneidisch, gibt das nur Zoff, noch dazu, weil beide Hunde dann ganz dicht beieinander sind. Enge ist bei Konflikten immer schlecht. Abgesehen davon ist bei Weitem nicht jeder Hundehalter erfreut, wenn sein Vierbeiner von Fremden gefüttert wird.

Lässt Bello keinen Artgenossen an Sie heran, können Sie selbst, aber auch der Ball oder Happen in Ihrer Tasche der Grund sein. Gehen Sie zügig weiter. Falls Sie aber stehen bleiben, um sich beispielsweise zu unterhalten, bitten Sie den anderen Hundehalter, seinen Vierbeiner bei sich zu behalten, und auch Sie leinen Ihren Hund an. Befindet sich Bello nun zum Beispiel an Ihrer linken Seite, packen Sie Spielzeug und Futter in Ihre rechte Jackentasche. Laufen alle Hunde frei, aber relativ nah bei Ihnen, entfernen Sie sich zügig. Denn sind Futter, Spielzeug oder auch Sie selbst weit genug weg, gibt es nichts mehr zu verteidigen. Geht es Bello um Sie selbst, gehört Ihre Mensch-Hund-Beziehung auf den Prüfstand. Warum, fragen Sie? Ist es nicht sehr schmeichelhaft und fürsorglich, wenn Bello Frauchen oder Herrchen vor fremden Hunden beschützt? Hier sind sie wieder, die verklärenden

Gefühle … Auf »Hündisch« meint der Vierbeiner aber: »Pfoten weg, Frauchen ist mein Besitz.« Wem die hündische Sichtweise weniger zusagt, sollte nochmals Kapitel 1 und 2 lesen und eventuell einen Trainer zurate ziehen.

WELPE IN GEFAHR

Keine Narrenfreiheit für Youngster

BELLO MAG ARTGENOSSEN NICHT besonders. Deshalb leint Frauchen ihn an, als sie einen Welpen kommen sieht. Schon nimmt der Kleine begeistert Kurs auf den Großen. Frauchen bittet den Welpenbesitzer, seinen Knirps zu sich zu holen. Als Antwort kommt: »Denken Sie sich nichts, der hat noch Welpenschutz!«, und meint damit die Narrenfreiheit von Welpen gegenüber Artgenossen. Einen Welpenschutz in dem Sinn, dass Welpen nicht ernsthaft verletzt werden, gibt es in der Natur aber nur innerhalb eines Rudels. Dazu gehören fremde Hunde nicht. Da nicht jeder Vierbeiner Welpen mag, kann es also durchaus Probleme geben, wenn das Hundekind an den Falschen gerät. Die meisten Hunde verhalten sich zum Glück »normal«, allerdings mit

individuellen Toleranzgrenzen gegenüber nervigen Kleinen. Wenn Klein Bello nervt, gibt ihm das ein Artgenosse auch zu verstehen. Der eine versucht es zuerst mit Ignorieren, bei einem anderen rappelt es gleich ordentlich, und es setzt beispielsweise einen kräftigen Stoß mit der Schnauze, vielleicht auch samt Drohschnappen. Das ist normal, denn der Zwerg muss lernen, wie weit er gehen darf. Da man fremde Hunde aber nicht genau einschätzen kann, ist bei Begegnungen mit erwachsenen Hunden eine gewisse Vorsicht angesagt – allerdings ohne in Panik zu verfallen. Die überträgt sich nämlich leicht auf Klein Bello und ist somit genauso kontraproduktiv, wie ihn blauäugig zu jedem Artgenossen laufen zu lassen. Normalerweise kennt man mit der Zeit zumindest die Vierbeiner, die im näheren Umfeld leben, und kann dann geeignete Kontakte aussuchen.

BEGEGNUNG AN DER LEINE

Ich will dich begrüßen

ZWEI ANGELEINTE HUNDE begegnen sich, und jeder zerrt zum anderen. Kommt Ihnen das bekannt vor? Den Zweibeiner am anderen Ende der Leine stört das zwar häufig, aber er lässt es dann doch zu. Bello soll schließlich Freude haben und andere Hunde treffen dürfen. Wie schön, wenn man ohne Zerren an fremden Hunden vorbeigehen könnte. Das geht auch, wenn Bello gelernt hat, dass Kontakte an der Leine nicht erlaubt sind – und zwar ohne Ausnahme (→ Wissen extra, Seite 142). Achten Sie darauf, Ihr Tempo nicht zu verlangsamen, und gehen Sie mit entschlossenem, Schritt weiter. Nehmen Sie den Hund so an Ihre Seite, dass Sie zwischen ihm und dem anderen Mensch-Hund-Team laufen, und zwar mit entsprechendem Abstand. Möchte Bello sich vorn an Ihnen vorbeidrängeln? Dann schieben Sie ihn während des Gehens mit Ihrem Bein nach außen. Damit »sagen« Sie ihm wortlos, dass der andere Hund ihn nicht zu interessieren hat.

NÜTZLICHES REZEPT 24

MEIN WELPE WURDE GEBISSEN

Bleiben Sie dennoch gelassen

Selbst wenn solche Fälle eher selten sind – manchmal passiert es doch, und es stellt sich die Frage, was zu tun ist. Abgesehen vom medizinischen Aspekt ist es nun wichtig, dass das Erlebte keine nachhaltigen Auswirkungen wie Meideverhalten gegenüber Artgenossen oder gar Aggressivität beim Hundekind hinterlässt. Gehen Sie deshalb so gelassen wie möglich mit der Situation um. Ebenso wichtig ist es, dass das Hundekind baldmöglichst wieder Kontakt mit sozial verträglichen erwachsenen Artgenossen hat. Am besten auch mit solchen, die optisch »dem Bösen« ähnlich sehen.

Möchte er hinter Ihnen ausbüxen, gehen Sie einfach zügig weiter. Er muss mit, ob er will oder nicht. Bald werden Hundebegegnungen an der Leine ohne Stress für Sie möglich sein. Was aber, wenn Bello angesichts des Artgenossen langsamer wird, sich schließlich auf »auf die Lauer« legt und keinen Zentimeter mehr weitergeht? Das geht eigentlich nur, weil auch Herrchen langsamer wird und dann tatenlos danebensteht. Bello jetzt noch zum Weitergehen zu bewegen, ist schwierig. Keine Gelegenheit, sich auf den Boden zu werfen, hat der Vierbeiner dann, wenn Sie zügig weitergehen, sobald Sie oder Ihr Hund den anderen Vierbeiner bemerken und bevor Ihrer langsamer wird. Gehen Sie so am anderen Hund vorbei, wie oben beschrieben. Ihr Körperausdruck vermittelt Bello: »Das interessiert uns nicht, wir gehen unseren Weg.«

Enya geht mit Frauchen frei bei Fuß am Rand der verkehrsberuhigten Zone nach Hause. Auf der anderen Straßenseite kommt ihnen eine Frau mit ihrem Hund an der Flexileine entgegen und sagt: »Oh, schau mal, da kommt einer zum Spielen.« Schon macht die Flexileine »rrrrt«, und der Vierbeiner ist da. »Mein Hund spielt nicht mit angeleinten Hunden, und schon gar nicht auf der Straße«, sagt Frauchen. »Was, der darf nicht spielen? Komm, wir gehen, der arme Hund muss folgen«, so die beleidigte Reaktion, und »rrrrt« fährt die Flexileine wieder ein. Kein Kommentar …

DUELL AN DER LEINE

Dir werd ich's zeigen

ZERRT BELLO NICHT NUR zu Artgenossen oder »belauert« sie, sondern will ihnen auch noch an die Gurgel, ist das bedenklich. Wie kann es dazu kommen?

Nicht selten ist das eine Folge vorheriger Kontakte an der Leine. Bello fühlt sich mit Herrchen im Rücken besonders stark oder durch die Leine eingeengt. Beides kann dazu führen, dass der Vierbeiner schließlich an der Leine aggressiv reagiert, sich beim Freilauf aber ganz normal verhält. Das angriffslustige Verhalten an der Leine entwickelt sich meist mit der Zeit, doch dem Hundehalter fällt oft erst dann etwas auf, wenn Bello richtig loslegt.

Dass schon die Kontaktaufnahmen vorher kein »Spiel« mehr waren, als Bello sich an straffer Leine steif und angespannt vor seinem »Spielpartner« aufbaute, sich gar beide so verhielten oder Bello Angst hatte, registrieren viele Zweibeiner nicht. Irgendwann kracht es dann. Auch wenn ein friedlicher angeleinter Vierbeiner von einem weniger friedlichen attackiert wird, kann das zur Folge haben, dass er in Zukunft die Flucht nach vorn antritt.

Zusätzlich zu diesen Entwicklungen wird Bello nicht selten auch noch durch seinen Zweibeiner unterstützt. Ein Artgenosse kommt in Sichtweite,

der Mensch ist in Habtachtstellung und strafft schon mal die Leine. Alarmstufe eins, Bello wirft sich in Positur. Womöglich löst der Zweibeiner mit einem aufgeregten und dazu noch drohenden »Schau mal, da kommt einer, aber sei ja brav!« gleich noch Alarmstufe zwei aus. Bello ist endgültig bereit zum Angriff und kann es kaum erwarten, nach vorn in die Leine zu gehen!

Somit ist Aggressivität an der Leine oft hausgemacht. Dann hilft nur eine totale Änderung des eigenen Verhaltens und systematisches »Vorbeigeh-Training« mit ganz viel Raum. Als Erstes sind oft abrupte Richtungswechsel um 180 Grad nützlich, sobald ein anderer Hund auftaucht und der eigene kleinste Anzeichen zeigt, dass er diesen bemerkt hat. So kann man sich immer näher heranarbeiten und schließlich das Vorbei-

WISSEN EXTRA
Leinenkontakte

Wer seinen Hund angeleint hat, will ihn normalerweise **bei sich behalten.** Vielleicht weil er etwas **üben möchte** oder der Hund krank, läufig oder unverträglich ist. Schon aus diesem Blickwinkel macht es Sinn, dann auch den eigenen Hund bei sich

zu behalten. Wer sich und seinem angeleinten Hund **uneinsichtige Zeitgenossen** mit dem Motto »Meiner will nur spielen« vom Leib halten möchte, kann es mal mit »Aber meiner hat ansteckenden Brechdurchfall« versuchen. Allerdings kann ein ange-

leinter Hund nicht so kommunizieren wie frei laufend, da er in seinem **Freiraum eingeschränkt** ist. Das birgt reichlich Potenzial für aggressives Verhalten! Zudem fördern Sie das Zerren, wenn Ihr Hund Sie erfolgreich zu einem Artgenossen zieht.

gehen üben. In leichten Fällen können Sie das ohne Trainer schaffen, in heiklen Fällen brauchen Sie aber Unterstützung. Auch die vorübergehende Verwendung eines Kopfhalfters (das sogenannte Halti) kann bei problematischem Verhalten an der Leine sehr nützlich sein. Besonders bei Hunden, die viel Kraft haben. Setzen Sie das Halti aber nur unter kompetenter Anleitung ein.

Herrchen steht mit seiner Labrador-Hündin neben sich auf einem Parkplatz und räumt im Heck herum. Ein paar Autos weiter jault eine Terrier-Mix-Hündin an der Flexileine jämmerlich in Richtung Labrador-Hündin. »Dürfen wir sie sich kurz begrüßen lassen?« fragt das ältere Frauchen erwartungsvoll. Okay, denkt Herrchen sich, ausnahmsweise – machen wir der alten Dame eine Freude –, und sagt: »Ja gut, lassen wir sie sich begrüßen.« Rrrt, die Flexileine fährt aus, Frauchen und Hund kommen heran. Als die Mix-Hündin neben der Labrador-Hündin steht, sagt Frauchen: »Aber schön brav sein, gell.« Das macht Herrchen zwar etwas stutzig, aber leider zu spät – schon hat die Terrier-Mix-Hündin die Labi-Hündin knurrend in den Hals gezwickt. Zum Glück gehört diese zur gutmütigen Fraktion, und ihr Fell ist ja außerdem ziemlich dick …

AUF IHN MIT GEBRÜLL

Wenn Hunde sich nicht vertragen

SIND FÜR BELLO BEIM FREILAUF Artgenossen Feinde, werden Spaziergänge bald der reine Stress. Ständig sucht man die Umgebung mit Blicken ab, um Bello rechtzeitig an die Leine zu nehmen. Es gibt Hunde-Machos, die in jedem Geschlechtsgenossen einen Konkurrenten sehen, den es auszuschalten gilt, wie auch giftige Zicken, die mit anderen Hündinnen nicht viel Federlesens machen. Dazu kommen Vierbeiner, die

Artgenossen grundsätzlich nicht leiden können. So unterschiedlich die Ausprägungen von Unverträglichkeiten sind, so vielfältig sind auch ihre Ursachen.

Richtet sich die Unverträglichkeit ausschließlich gegen Geschlechtsgenossen, sind die Hormone mit ihm Spiel. Bei Hündinnen können sich die Probleme auf bestimmte Zeiten des Zyklus beschränken, etwa während der Läufigkeit oder wenn sie scheinträchtig sind. Manche Vierbeiner haben schlechte Erfahrungen gemacht und sind aus Angst aggressiv. Auch ein »mobiles Revier« (→ Wissen Extra, Seite 59) kann aggressives Verhalten gegen Artgenossen zur Folge haben. Prolligen Rüden fehlt es nicht selten an entsprechender Führung, aber

auch bei zickigen Hündinnen ist sie wichtig. Manche Hunde werden durch ihre Veranlagung schnell »handgreiflich« oder sind überhaupt nicht in der Lage, normal mit Artgenossen zu kommunizieren.

Wie überall in der Hundeerziehung wirkt sich auch bei Unverträglichkeit wieder einmal das Verhalten des Zweibeiners aus. Aufregung, Hektik und Enge sind drei Faktoren, die »kippelige« Situationen garantiert eskalieren lassen. Also nicht neben den sich imponierend umkreisenden Rüden stehen bleiben und womöglich höchst angespannt »Hörst du auf!« rufen, sondern einfach zügig weitergehen. Auch nicht rasch die Hunde ableinen, wenn sie sich an stram-

NÜTZLICHES REZEPT 25

NOTFALLPLAN

Leine fallen lassen

Bei manchen Hundebegegnungen ist schnelles Reagieren gefragt, um eine kritische Situation zu entschärfen. Beispiel: Bello ist angeleint. Ein frei laufender Hund kommt auf ihn zugestürmt, und dessen Besitzer greift nicht ein. Im Vergleich zu Begegnungen ohne Leine kann es hier leicht zu Raufereien kommen, wenn einer der beiden nicht wirklich entspannt ist. Aber jetzt bleibt oft nicht mehr ausreichend Zeit, den Hund abzuleinen. Falls Ihr Vierbeiner dem anderen nicht hoffnungslos unterlegen ist, kann es sinnvoll sein, die Leine einfach fallen zu lassen und sich zu entfernen. Das entschärft solch eine Situation oft. Entscheiden Sie deshalb situationsbedingt, ob das ein Weg sein könnte.

mer Leine schon knurrend voreinander aufbauen. In dieser aufgeheizten Situation hieße das Ableinen: »Ring frei!«

Wenn sich Hundebegegnungen durch das eigene Verhalten aufschaukeln oder der Gehorsam des Vierbeiners nicht gut genug ist, kann man durch Veränderung der eigenen Reaktionen und durch Gehorsamstraining oft rasch eine Verbesserung erreichen. Manchmal muss man aber auch das ganze Hundeleben lang ein Auge auf den Vierbeiner haben und Hundekontakte meiden. Wer der Ursache von Bellos Unverträglichkeit nicht auf die Spur kommt oder überfordert ist, sollte einen Trainer zurate ziehen. Denn je länger ein Problem besteht, umso mehr verfestigt es sich.

ZWERGE MIT GRÖSSENWAHN

Klein und frech

SO MANCHER KLEINHUND ist besonders frech und draufgängerisch. Es wirkt, als würde ein solcher Knirps an Größenwahn leiden, wenn er einen weitaus größeren Hund respektlos behandelt oder ihm gar droht.

Aber ein Hund weiß nicht, wie groß er ist. Ist er erwachsen, fühlt er sich entsprechend, selbst wenn seine Schulterhöhe nur 25 Zentimeter beträgt. Dass nicht wenige Kleinhunde aber geradezu vor Selbstbewusstsein strotzen, liegt zum Teil an ihrer Geschichte. So sind zum Beispiel Dackel oder kleine Terrierrassen eigentlich für die Jagd auf Fuchs und Dachs unter der Erde gezüchtet worden. Dafür brauchen sie viel Mut, Schärfe, einen starken Willen und müssen sich auf sich selbst verlassen können. Diese Eigenschaften haben sie natürlich nicht nur unter Tage, sondern zeigen sie Artgenossen und auch ihren Zweibeinern gegenüber.

Dass viele Kleinhunderassen eher »frech« sind, liegt neben ihrer Veranlagung vor allem auch daran, dass der Mensch sie meist als ein Kuscheltier sieht, das betüddelt werden muss, und nicht als einen richtigen Hund mit einer starken Persönlichkeit. Die Minis werden chronisch unterschätzt, nach Strich und Faden verwöhnt und sind sehr oft unerzogen. Außerdem fordern und fördern ihre Besitzer sie meist viel zu wenig, obwohl gerade die Kleinhunde häufig sehr aktiv sind und mit großer Freude lernen.

WENN DIE HORMONE WALLEN

... gibt es kein Halten

WER KEINEN KASTRIERTEN HUND hat, bekommt es früher oder später mit dessen Fortpflanzungsinstinkt zu tun. Neulinge unter den Hundehaltern sind oft unsicher, ab wann der Hund geschlechtsreif ist. Bei Rüden ist das spätestens dann der Fall, wenn sie auf drei Beinen und mehrmals hintereinander in kleinen Portionen pinkeln. Auch wenn Sie selbst Bello da wegen seines zarten Alters von vielleicht acht Monaten noch als Hundekind sehen. Bei der Hündin zeigt die erste Läufigkeit, in der Regel zwischen dem 6. und 12. Lebensmonat, dass sie geschlechtsreif ist. Aber unter Umständen klebt schon ein paar Wochen vorher die vierbeinige Männerwelt zunehmend interessiert an ihrem Hinterteil, weil sie schon sehr gut riecht. Doch keine Angst, passieren kann da noch nichts. Erst wenn die Vulva geschwollen ist und die Hündin blutet, beginnt die Läufigkeit, die dann etwa drei Wochen dauert.

Da die »gefährlichen« Tage nicht bei allen Hündinnen dieselben sind, gilt für die gesamte Zeit: nur unter Aufsicht

WISSEN EXTRA

Wenn es passiert ist

Nicht aufgepasst, und schon ist es passiert – der Rüde deckt ungewollt die standhitzige Hündin. Während des Deckaktes von Hunden kommt es durch das **Anschwellen der Geschlechtsorgane** zum »Hängen«. Das heißt, das Paar kann sich währenddessen und eine Zeit lang danach **nicht voneinander trennen.** Das »Hängen« kann einige Minuten bis zu mehr als einer halben Stunde dauern. Rüde und Hündin stehen dann Hinterteil an Hinterteil. Keinesfalls darf man die Hunde gewaltsam trennen! Das kann zu schweren **Verletzungen** führen! Jetzt heißt es abwarten, bis sich die beiden voneinander lösen können. Kontaktieren Sie gleich danach Ihren Tierarzt. Er kann mit einem entsprechenden Medikament unerwünschten Nachwuchs verhindern.

in den Garten, erhöhte Aufmerksamkeit unterwegs und Leinenzwang. Zumindest solange Sie noch nicht wissen, welche Tage bei Ihrer Hundedame die »gefährlichen« sind. Bleibt die Hündin bei Annäherung eines Rüden stehen und präsentiert mit zur Seite gelegter Rute ihr Hinterteil, ist es so weit – sie ist in der Standhitze. »Läufig« heißt es übrigens deshalb, weil die Hündin nicht unbedingt untätig auf einen geeigneten Bräutigam wartet, sondern durchaus auch von sich aus einen sucht oder sich mit dem Erstbesten vom Acker macht.

Wer eine läufige Hündin hat, tut gut daran, zum Spazierengehen in Gebiete zu fahren, wo kaum andere Hunde anzutreffen sind. Übrigens »fahren« deshalb, weil man so keine Duftspur zum und vom Haus weg legt.

Klebt der Rüde völlig entrückt, sabbernd und zähneklappernd an einer Duftmarke, ist das ein untrügliches Zeichen dafür, dass eine sehr gut riechende Hundedame unterwegs ist – und dass auch der junge Rüde vielleicht bereits fortpflanzungsfähig ist. In den Reaktionen auf läufige Hündinnen gibt es – je nach Hormonspiegel – individuelle Unterschiede. Manche Rüden sind völlig »gaga«, fressen zu Hause nichts und heulen. Andere lassen sich davon weniger aus der Ruhe bringen.

Rüden riechen läufige Hündinnen kilometerweit und machen sich – je nach Typ – in einem unbeobachteten Moment auch schon mal allein auf den Weg dorthin. Als Rüdenbesitzer sollte man Bello im Auge behalten, wenn es Anzeichen gibt, dass Hündinnen in der Gegend läufig sind. Das heißt auch, den vierbeinigen Romeo von einer gut riechenden Hundedame (ob läufig oder nicht) zu pflücken, zumindest, wenn die zu klein oder noch zu jung ist, um ihm ordentlich die Meinung zu geigen (→ Wissen Extra, Seite 146). Der Rüde will ganz sicher nicht nur spielen, wenn er die Angebetete permanent von hinten umklammert. Wer allerdings seine läufige Hündin frei laufen lässt, darf sich nicht beschweren, dass ein ebenfalls frei laufender Rüde sein Glück versucht. Woher soll Bellos Besitzer auch wissen, dass die Hundedame läufig ist?

Enya ist läufig und deshalb im Haus. Plötzlich ruft der Junior: »Mama, Dusty steht in der Diele«. Dusty? Das ist doch der English Setter aus der weiteren Nachbarschaft. Mama stürzt in die Diele, und da steht er tatsächlich freudigst wedelnd vor der ebenfalls erfreuten Enya – mit eindeutigen Absichten! Dusty war zu Hause über den Gartenzaun gesprungen, zum Haus der Angebeteten gelaufen, hier wieder über den Zaun gesprungen, ums Haus herumgelaufen und durch die offene Tür des Wintergartens hereingekommen!

SPIELSÜCHTIG

Am liebsten ohne Zweibeiner

HERRCHEN IST GENERVT. Taucht ein anderer Hund auf, lässt sich Bello nicht mehr bändigen. Unangeleint startet er durch, an der Leine zerrt und jammert er. Herrchen versteht das nicht. Er weiß, dass es für Bello nichts Schöneres gibt, als mit seinesgleichen zu toben. Das darf der Vierbeiner auf Spaziergängen, wo immer er Hunde trifft. Und Herrchen wartet dann auch stets brav. Dann müsste er doch in der Stadt Ruhe geben. Doch genau weil und nicht obwohl er immer mit anderen Hunden spielen darf, verhält Bello sich so. Schon in der Welpenspielgruppe heißt es oft gleich zu Beginn: »Leinen los!« Während sich die Zweibeiner unterhalten und den Kleinen zuschauen, lernt Klein Bello, dass er Frauchen ausblenden kann, wenn er auf Artgenossen trifft. Und er lernt: Artgenossen bedeuten »Halligalli«. Mit der Zeit kann Klein Bello es jedes Mal weniger erwarten, endlich zu toben. Auf den heimischen Spaziergängen wird

NÜTZLICHES REZEPT 26

FREMDER HUND ZU BESUCH

Erstes Treffen auf neutralem Boden

Fremder vierbeiniger Besuch zu Hause kann Hunden beiderlei Geschlechts ungelegen kommen. Es ist schließlich sein/ihr Territorium, und es ist meist wenig Platz. Verabreden Sie sich am besten zu einer Erstbegegnung auf neutralem Gebiet draußen, beispielsweise während eines Spaziergangs. Erst dann gehen Sie gemeinsam ins Haus. Je nachdem, wie »großzügig« der/die Revierinhaber/-in ist, kann es dennoch sinnvoll sein, dass dort jeder Zweibeiner seinen Hund im Auge und bei sich behält. Bevor der fremde Hund das Haus betritt, sollten Spielzeuge und Futter weggeräumt werden.

ebenfalls jede Gelegenheit zur Kontaktaufnahme genutzt, und Herrchen hat Mühe, Klein Bello zum Weitergehen zu bewegen. Alles in allem lernt Bello durch diese Dinge, dass ihn, trifft er auf Artgenossen, zuerst mal nichts anderes zu interessieren braucht, schon gar nicht sein Zweibeiner. Kann er dann tatsächlich einmal nicht spielen, wie etwa im Restaurant, stellt sich Frust ein. Und der kann sich lautstark und durch sehr unruhiges Verhalten äußern.

Es muss nicht immer so extrem laufen, doch oft hört man: »Mein Hund macht alles super, solange wir allein sind. Aber wenn ein anderer Hund auftaucht, hört und sieht er nichts anderes mehr.« Doch das lässt sich leicht vermeiden. Natürlich braucht jeder Hund, auch als Welpe, gelegentlich Kontakte mit Artgenossen. Aber nicht bei jeder Begegnung. Denn er muss in gleichem Maß lernen, ohne Kontaktaufnahme an Artgenossen vorbeizugehen und auch während des Spielens Herrchen im Auge zu behalten und ihm zu folgen, wenn er weitergeht (→ Seite 118). Das gilt für jeden Hund, ganz besonders aber für solche, die sich nicht sehr für ihren Menschen interessieren, und solche, die von Natur aus einen starken Hang zu Artgenossen haben.

Verständlich ist Bellos »Spielsucht« dann, wenn das Spiel mit Artgenossen das einzige Highlight in seinem Leben ist, weil sein Zweibeiner ihn nicht wirklich beschäftigt und auslastet. Am besten lernt schon der Welpe in gut geführten Welpengruppen und im Alltag, dass er nur manchmal zu Artgenossen Kontakt aufnehmen darf. Und dann nur, wenn er sich vorher ruhig verhält. Parallel dazu lernt er, sich auch in deren Anwesenheit auf seinen Zweibeiner zu konzentrieren. Aber auch ältere Hunde können das noch lernen.

Bella ist im Erziehungskurs anfangs immer sehr aufgeregt. Nichts interessiert sie so wie die anderen Vierbeiner, obwohl in diesem Kurs nicht gespielt wird. Erst nach mindestens einer Viertelstunde ist Bella wieder einigermaßen kooperativ. Auf Nachfrage der Trainerin stellt sich heraus, dass Bella zwar nicht jeden Tag auf Hunde trifft, aber wenn, dann darf sie mit ihnen spielen. Sie muss zwar zum Ableinen sitzen, was wegen Bellas hoher Erwartungshaltung nur mit Mühe und Not kurz funktioniert. Aber dann darf sie lospreschen. Und Frauchen wartet auf sie. Bis zur nächsten Kursstunde hat Bella nun Spielverbot mit anderen Hunden. Frauchen soll stattdessen Bellas Aufmerksamkeit auf sich lenken, wenn ein Hund in Sicht ist – mit einem Apportiergegenstand oder einem leckeren Happen. Ob Bellas Frauchen das durchhält?

ANGST VOR ARTGENOSSEN

Da rutscht das Herz »in die Hose«

ES GIBT DRAUFGÄNGERISCHE HUNDE, aber auch solche, die vor ihresgleichen eher den Rückzug antreten. Das kann verschiedene Gründe haben. So kann es zum Beispiel eine Typsache sein oder eine Folge schlechter Erfahrungen. Oder es ist wieder einmal der Mensch, der beispielsweise seinen Kleinhund oder Welpen panisch auf den Arm nimmt, sobald ein anderer Hund zu sehen ist.

Völlig normal ist aber eine ängstliche Reaktion des Welpen wenn ein fremder Hund bellt. Die Begegnung mit einem erwachsenen, rudelfremden Artgenossen wäre in der freien Natur gefährlich für ihn. Das sagt ihm sein Instinkt. Wer mit seinem Hundekind eine Welpengruppe besucht, kann ebenfalls beobachten, dass manche Welpen zunächst recht zurückhaltend sind und etwas »fremdeln«. Ihnen muss man Zeit zum Auftauen geben und darauf achten, dass sie nicht überfordert und schon gar nicht untergebuttert werden. »Wirft« man einen solchen Vierbeiner zu mehreren anderen in eine Gruppe – nach dem Motto »Da muss er jetzt durch, das machen die unter sich aus« –, ist das ein sicherer Weg zu einem ängstlichen, vielleicht sogar angstaggressiven Hund.

Ein vorsichtiger oder ängstlicher Vierbeiner, gleich ob Welpe oder älterer Hund, braucht zwar unbedingt Kontakte, aber mit ruhigen, gutmütigen einzelnen Hunden, die am besten auch größenmäßig zu ihm passen. Wird er dann mit der Zeit sicherer, kann man die Kontakte ausweiten.

Pepi ist ein Zwergdackel und hatte Panik vor anderen Hunden. Was war der Grund? Herrchen ging mit ihm in eine »Welpengruppe«, die aus 10 bis 15 Hunden im Alter von acht Wochen bis zu fünf Monaten bestand. Pepi wurde dauernd untergebuttert, aber es hieß, er müsste das lernen. Eine Katastrophe für den kleinen Hund! Mit langsamer Gewöhnung an Kontakte mit verschiedenen ruhigen einzelnen Hunden über einige Wochen besserten sich seine Angstzustände zum Glück sehr deutlich.

RAMBAZAMBA IM HAUS

Wenn Hunde Radau machen

FRAUCHEN UND BELLO besuchen eine Freundin samt Vierbeiner zum gemütlichen Kaffeeklatsch. Doch aus der Gemütlichkeit wird leider nichts. Schon nach kurzer Zeit sind beide gestresst, und Frauchen zieht entnervt ab, weil die beiden Vierbeiner pausenlos im Zimmer toben. Muss das sein? Nein. Warum nicht jeden Hund in Frauchens Nähe ablegen oder anbinden? »Ach nein, dann sehen sich die Hunde und können nicht zusammen.« Frauchen bricht es oft schier das Herz, Bello auch nur ein wenig zu reglementieren. Wer Bello vorher Bewegung und Beschäftigung gönnt, hat nachher einen ausgeglichenen Vierbeiner, dem man nun ohne schlechtes Gewissen Ruhe verordnen kann. Auch ein gemeinsamer Spaziergang mit Austoben der Hunde vor dem Kaffeekränzchen, eventuell gewürzt mit ein paar Gehorsamsübungen, erfüllt diesen Zweck. So kommen weder die Bedürfnisse der Vier- noch die der Zweibeiner zu kurz.

NÜTZLICHES REZEPT 27

WENN ES KRACHT

Zwei Streithähne trennen

Bei einer ernsten Rauferei müssen die Hunde nichts unter sich ausmachen, denn fremde Vierbeiner gehören nicht zum eigenen »Rudel«. Kampfhähne könnte man ideal mit Wasser aus Schlauch oder Eimer trennen. Aber wer hat das schon parat? Alternativ wirft man eine Decke oder einen Mantel über die Kontrahenten, oder ihre Besitzer fassen sie gleichzeitig an den Hinterbeinen. Greifen Sie nicht mit den Händen dazwischen. Auch der eigene Hund passt nicht mehr auf, was er erwischt. Lassen die Kampfhähne voneinander ab, heißt es, sie rasch festhalten, damit es keine zweite Runde gibt.

REGISTER

ADRESSEN, DIE WEITERHELFEN

Verbände und Vereine

Fédération Cynologique Internationale
(FCI), Place Albert 1er, 13,
B-6530 Thuin, www.fci.be

Verband für das Deutsche Hundewesen
e. V. (VDH), Westfalendamm 174,
44141 Dortmund, www.vdh.de

Österreichischer Kynologenverband
(ÖKV), Siegfried-Marcus-Str. 7,
A-2362 Biedermannsdorf, www.oekv.at

Schweizerische Kynologische Gesellschaft
(SKG/SCS), Brunnmattstr. 24,
CH-3007 Bern, www.skg.ch

Deutscher Tierschutzbund e. V.,
Baumschulallee 15, 53115 Bonn,
www.tierschutzbund.de

Schweizer Tierschutz (STS),
Dornacherstr. 101, CH-4008 Basel,
www.tierschutz.com,
Beratungsstelle Tel. 0041/61/3659999

Österreichischer Tierschutzverein,
Berlagasse 36, A-1210 Wien,
Tel. 0043/1/897 33 46,
www.tierschutzverein.at

Deutscher Hundesportverband e. V.,
Nordstr. 14a, 06886 Lu-Wittenberg,
www.dhv-hundesport.de

Berufsverband der Hunderzieher/innen
und Verhaltensberater/innen e. V.
(BHV), Auf der Lind 3,
65529 Waldems-Esch,
www.bhv-net.de

Forschungskreis Heimtiere in der Gesellschaft, Postfach 11 07 28, 28087 Bremen,
www.mensch-heimtier.de,
info@mensch-heimtier.de

Industrieverband Heimtierbedarf (IVH)
e. V., Emanuel-Leutze-Str. 1b,
40547 Düsseldorf, www.ivh-online.de

Urlaubs-Beratungsservice des deutschen
Tierschutzbundes, Tel. 0228/6049627,
Mo-Do 10-18 Uhr, Fr 10-16 Uhr

Fragen zur Hundehaltung

beantworten Ihr Zoofachhändler
und der Zentralverband Zoologischer
Fachbetriebe Deutschlands e. V. (ZZF),
Tel. 0611/44755332 (nur telefonische
Auskunft möglich: Mo 12–16 Uhr,
Do 8–12 Uhr), www.zzf.de

Haftpflichtversicherung

Fast alle Versicherungen bieten Hunde-
Haftpflichtversicherungen an. Informieren
Sie sich bei Ihrer Versicherung.

Krankenversicherung

Uelzener Versicherungen, PF 2163,
29511 Uelzen, www.uelzener.de

Puntobiz GmbH, Immendorfer Str. 1,
50354 Hürth, www.tierversicherung.biz

AGILA Haustierversicherung AG, Breite
Str. 6-8, 30159 Hannover, www.agila.de

Allianz, Königinstr. 28, 80802 München,
www.katzeundhund.allianz.de

Registrierung von Hunden

Deutsches Haustierregister, Deutscher Tierschutzbund e. V., Baumschulallee 15, 53115 Bonn, www.registrier-dein-tier.de

TASSO e. V., Abt. Haustierzentralregister, 65784 Hattersheim, Tel. 06190/937300, www.tasso.net, E-Mail: info@tasso.net

Internationale Zentrale Tierregistrierung (IFTA), Nördliche Ringstr.10, 91126 Schwabach, Tel. 00800/ 43820000 (kostenlos), www.tierregistrierung.de

Adressen im Internet

www.hunde.com
Infos rund um den Hund, Diskussionsforum

www.hundeadressen.de
Infos zu Sport, Erziehung, Ausbildung, Züchteradressen

www.hundewelt.de
Alles Wissenwerte über Rassehunde mit wichtigen Adressen

www.spass-mit-hund.de
Mit vielen Ideen rund um Spiele und Beschäftigung

www.hallohund.de
Hundemagazin mit Themen rund um den Hund

www.ferien-mit-hund.de
Viele Adressen von Hotels, Ferienhäusern und Ferienwohnungen für den Urlaub mit Hund

www.tierklinik.de
Informationsportal zur Tiermedizin, mit Ratgeber, Notdienst- und Spezialistensuche

BÜCHER

Feddersen-Petersen, Dorit U.: *Hundepsychologie.* Franck-Kosmos Verlag, Stuttgart

Hegewald-Kawich, Horst: *Hunderassen von A bis Z.* Gräfe und Unzer Verlag, München

Krüger, Anne: *Besser kommunizieren mit dem Hund.* Gräfe und Unzer Verlag, München

Ruge, Nina/Bloch, Günther: *Was fühlt mein Hund? Was denkt mein Hund?* Gräfe und Unzer Verlag, München

Schlegl-Kofler, Katharina: *Das große GU Praxishandbuch Hunde-Erziehung.* Gräfe und Unzer Verlag, München

Schlegl-Kofler, Katharina: *Welpenerziehung.* Gräfe und Unzer Verlag, München

Schlegl-Kofler, Katharina: *Hundesprache.* Gräfe und Unzer Verlag, München

Stein, Petra: *Naturheilpraxis Hunde.* Gräfe und Unzer Verlag, München

Winkler, Sabine: *Hunde-Clicker-Box.* Gräfe und Unzer Verlag, München

Zeitschriften

Der Hund. Detuscher Bauernverlag GmbH, Berlin

Partner Hund. Ein Herz für Tiere Media GmbH, Ismaning

Unser Rassehund. Hrsg. Verband für das Deutsche Hundewesen e. V., Dortmund

Dogs. Gruner + Jahr, Hamburg.

VITA

Katharina Schlegl-Kofler

Die erfahrene Hundetrainerin und Expertin für artgerechte Hundehaltung beschäftigt sich schon seit über 30 Jahren intensiv mit den Vierbeinern und deren Erziehung. Seitdem ist immer ein Labrador an ihrer Seite. In ihrer Hundeschule, die sie seit über 20 Jahren führt, finden Hundehalter fundierten, praxisorientierten Rat und Hilfestellung für die Erziehung ihres Hundes sowie den richtigen Umgang mit ihm. Der Autorin liegt besonders die harmonische Mensch-Hund-Beziehung am Herzen. Der Weg dahin führt in ihren Augen nur über einen gemeinsamen stressfreien Alltag. Deshalb legt Katharina Schlegl-Kofler den Schwerpunkt ihrer Hundeschule vor allem auf eine ordentliche Grunderziehung des Vierbeiners. Ihre eigenen Hunde hat Katharina Schlegl-Kofler auf diversen Prüfungen wie Begleithundeprüfungen, Apportierprüfungen sowie jagdliche Prüfungen geführt. Neben den eigenen Erfahrungen vertieft sie ihr Wissen auf Seminaren bekannter Verhaltensforscher und Hundetrainer. Katharina Schlegl-Kofler ist im Gräfe und Unzer Verlag Bestsellerautorin in Sachen Hundeerziehung.

Die werden Sie auch lieben.

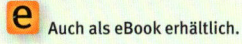

Mehr von GU auf **www.gu.de** und
f **facebook.com/gu.verlag**

Willkommen im Leben.

Bildnachweis

Debra Bardowicks: 3, 34, 158-1;
Corbis: 86;
Tatjana Drewka: 5;
Fotolia: 4, 155;
Getty: 6, 8, 20, 60, 72, 96, 136;
Heiner Orth: 158-3;
Shutterstock: 44, 108;
Illustrationen U1, 1;
Monika Wegler: 158-2, 158-4.

Syndication:
www.jalag-syndication.de

Wichtige Hinweise

Die Informationen und Empfehlungen in diesem Buch beziehen sich auf normal entwickelte, charakterlich einwandfreie Hunde. Wer einen erwachsenen Hund zu sich nimmt, muss sich bewusst sein, dass dieser bereits wesentliche Prägungen durch den Menschen erfahren hat. Man sollte den Hund genau beobachten, auch in seinem Verhalten zum Menschen. Bei Hunden aus dem Tierheim können Pfleger und Tierheimleitung oft Auskunft über die Vorgeschichte des Vierbeiners geben. Es gibt Hunde, die aufgrund schlechter Erfahrungen mit Menschen in ihrem Verhalten auffällig sind, vielleicht auch zum Beißen neigen. Diese Hunde sollten nur von erfahrenen Hundehaltern aufgenommen werden. Auch gut erzogene und sorgfältig beaufsichtigte Hunde können Schäden an fremdem Eigentum anrichten oder gar Unfälle verursachen. Für jeden Hund ist daher ein ausreichender Versicherungsschutz zu empfehlen.

Impressum

© 2013 GRÄFE UND UNZER VERLAG GmbH, München
Alle Rechte vorbehalten. Nachdruck, auch auszugsweise, sowie Verbreitung durch Bild, Funk, Fernsehen und Internet, durch fotomechanische Wiedergabe, Tonträger und Datenverarbeitungssysteme jeder Art nur mit schriftlicher Genehmigung des Verlages.

Projektleitung: Anita Zellner
Lektorat: Gabriele Linke-Grün
Bildredaktion: Waltraud Flöter, Petra Ender (Cover)
Umschlaggestaltung und Layout: independent Medien-Design, Horst Moser, München
Herstellung: Markus Plötz
Satz: Ludger Vorfeld
Repro: Longo AG, Bozen
Druck & Bindung: Firmengruppe appl, Wemding

ISBN 978-3-8338-3352-6

1. Auflage 2013

Umwelthinweis
Dieses Buch ist auf PEFC-zertifiziertem Papier aus nachhaltiger Waldwirtschaft gedruckt.